海洋传奇　深　海

HAIYANG CHUANQI

主　编： 陶红亮

编　委： 郝言言　苏文涛　薛英祥　金彩红　唐文俊

王春晓　史　霞　马牧晨　邵　莹　李　青

赵　艳　唐正兵　张绿竹　赵焕霞　王　璇

李　伟　谭英锡　刘　毅　刘新建　赖吉平

海洋出版社

2025年·北京

图书在版编目(CIP)数据

深海/陶红亮主编. —北京：海洋出版社，2017.2（2025年1月重印）

（海洋传奇）

ISBN 978-7-5027-9632-7

Ⅰ.①深… Ⅱ.①陶… Ⅲ.①深海－普及读物 Ⅳ.①P72-49

中国版本图书馆CIP数据核字（2016）第283616号

深 海

总 策 划：刘　斌

责任编辑：刘　斌

责任印制：安　淼

整体设计：童　虎·设计室

出版发行：海洋出版社

地　　址：北京市海淀区大慧寺路8号

　　　　　100081

经　　销：新华书店

发 行 部：（010）62100090

总 编 室：（010）62100034

网　　址：www.oceanpress.com.cn

承　　印：侨友印刷（河北）有限公司

版　　次：2017年2月第1版

　　　　　2025年1月第2次印刷

开　　本：787mm×1092mm　　1/16

印　　张：12.5

字　　数：300千字

定　　价：69.00元

本书如有印、装质量问题可与发行部调换

前　言

　　在人类赖以生存的蓝色星球——地球上，湛蓝的海洋约占其总面积的71%。海洋不仅是孕育人类的母亲，也是造就丰富资源的宝库。尽管人类在这个星球上生活了千万年，却始终没能解开深海的秘密。

　　海洋就像一个聚宝盆，它聚集了数不清的奇珍异宝，为人类提供了取之不尽、用之不竭的资源。长期以来，人们对陆地上的药材耳熟能详，却不知广袤的深海也是一个药材宝库。在深海生活的海藻、海马、石决明等生物都是珍贵的药材。可见大海确实是个巨大的宝库。

　　随着科学技术的发展，人类对于海洋的探索也不再局限于表面。早在20世纪，人类就已经将探索领域开拓到了深海。大海广袤无垠，深不见底，探险海底是所有海洋学家的梦想，然而人类不能像鱼一样，在海水中生存。因此历代科学家研究、钻研，终于发明了可以让人类潜入深海的科技——潜水器。这一发明是科学界的伟大壮举。此后，科学家们开始潜入深海，探索海洋的奥秘。

人们在海底发现了深不见底的"海渊";像陆地悬崖一样嶙峋怪异的峭壁;在海底喷发的活火山;像沙漠一样贫瘠的沙洲,还有在数千米深海的"生命绿洲"。这些惊人的海洋环境,让浩瀚的大海形成了另一个独特的世界,养育着众多海洋生物。

奇幻的海洋不仅是一方水域,也是孕育生物的母亲。海洋动物一点都不比陆地动物少。它们长得千奇百怪,生活方式也多种多样,在它们的欢声笑语中,大海一点儿都不显得寂寥。在这片蔚蓝色的水域中,生活着世界体积最大的动物——蓝鲸,虽然它们生活在海底,但它们和鱼类可大不相同,它们和人类一样,都是哺乳动物。除了鲸鱼外,海洋中还有各种各样的鱼类,比如凶狠、残暴的鲨鱼;生长速度飞快的翻车鱼;娇小可爱的比目鱼;满身条纹的小丑鱼等各种各样的海洋动物,它们生活在不同水域,自由地在海洋世界里遨游。

除了海洋动物,生活在海底的还有另一种神秘的生物。童话故事里的

美人鱼、神话传奇里的龙女，就生活在那蔚蓝的深海之中。难道，海洋世界真的存在人鱼吗？科学家为解开这一谜团，曾多次潜入海底，寻找、探访人鱼的足迹，那么科学家又有什么发现呢？书中将会解惑人鱼的故事。

千万年来，地球不断地发生变迁，沧海桑田之间，曾在数千年前就已存在的文明城市，由陆地演变成大海沉睡海底，直到被人类再次发现。自20世纪以来，科学家在许多海域都发现了水下古城，这些古城是谁建造的，又为什么沉没到深海，还是说海底真的存在另一个王国？让我们带着这些问题，走进神秘的深海世界。

目 录

Part 3
奇特的深海动物资源 ……………………………… 031

> 深海之所以神秘是因为其中养育着众多奇异的生物，它们有些体形微小，有些则身躯庞大，有些可以发出耀眼的光芒，有些则丑陋无比。深海生物一直在以各种奇特的方式出现在人们的眼前，它们个个身怀绝技，本领超群，在深邃的海洋中生活了数千年。美丽的海洋因为它们变得更加绚丽，也因为它们变得更为神秘。

Part 4
隐藏在深处的海底矿产 ……………………………… 068

> 海洋就像是一个聚宝盆一样，将各种宝贝藏在海底，煤矿、砂矿、锰结核、磷钙石、富钴结壳……亿万年后的今天，这些宝藏终于重见天日，随着人类不断对其探索与开发，这些巨大的矿产资源正在造福着人类，成为人类赖以生存的基础能源。海洋是孕育生命的母球，它见证了地球生命的起源。

Part 5
亟待开发的海底油气资源

自从工业革命的列车冒着滚滚浓烟缓缓向人类走来，先是陆地的油气资源被开发出来，人们从此能借助先进的设备上天入地。在对海洋的探索过程中，人们发现原来海洋才是一块宝地，油气资源之丰富超乎想象，并且新能源可燃冰正在向人们招手，等待着人们去开采。

Part 6
让人惊奇的水域异象

自古"水火不容"，但海上却有海火存在；海面并非平静，旋转的海洋大漩涡吞噬着一切；海上洋流强劲，黑潮又怎样用温暖的躯体为沿岸造福；那神秘的红海海水为什么呈红色，红海扩张之谜能否解开；百慕大三角真的是"魔鬼三角"？让我们来一起探索这些神秘的水域现象。

深／海

Deep Sea

海洋被誉为"地球留给人类探索奥秘"的遗产，在它湛蓝、幽静的面纱下，隐藏着千奇百怪的瑰丽景致。那深邃静谧的峡谷、千姿百态的珊瑚礁、神秘幽蓝的海底蓝洞，还有住着多种动物的奇妙岛屿，无不是地球留给人类的谜题，我们要在前人的基础上，破解海洋的秘密，开发未知领域。

古诗云："独往不可群，沧海成桑田"，意思是说大海会变成陆地，陆地也会变成大海。古人曾以为这是天神施法，事实上，这只是地球上的一种自然现象。千百年来，沧海桑田的演变从未停息，许多文明古国被大海吞没，它们藏匿在海洋深处，等待智慧的人类揭开面纱。

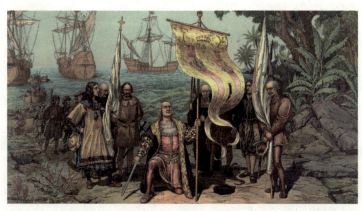

Part 9
人类对深海的探索 ······································· 162

海洋深不见底，在它的深渊之处发生了什么，我们不得而知。历代科学家、探险家，他们提出一个又一个看似简单，实则真知灼见的想法，研究出一项又一项造福人类的伟大发明，带领人们遨游在奇妙、神秘的海底世界，解答地球遗留给人类的重重谜团。

Part 1
充满无尽秘密的深海

深海中有数不尽的秘密，千姿百态的深海生物、令人称奇的深海山脉，神秘的深海如同深邃的太空，似乎没有止境。随着科技的发展，人类对深海的认识也在不断地加深，深海的黑色面纱也在不断被人类揭开，一个奇幻的深海世界逐渐呈现在人类的眼前。

蕴含富饶资源的深海

地球上的绝大部分面积被海洋占据着，虽然人们长时间生活在陆地上，但却时时刻刻离不开海洋。海洋是一个聚宝盆，里面盛满了各类物质，为人们源源不断地提供资源。随着人类科技的不断进步，对于海洋的认识也不再停留在表面，对海洋的开发也越来越深入，已从浅海扩展到深海，不断揭开深海的面纱，让其更好地满足人类。

蓝色的海洋给人以无限的遐想。在远古时期，海洋是人类的一道天然屏障，隔断了大陆之间的联系。随着人类文明逐渐提高，人类对海洋的了解程度也逐步加深，人们开始学会逾越这道鸿沟，这便是人类最早期利用海洋的例子。慢慢地，人类开始从海洋中获取自身所需的物质，海洋成为人类不可或缺的一部分。

国际上把深度达到 1000 米的海域称为深海，其中的资源十分丰富，包括深海生物资源、深海矿产资源、深海化学资源以及深海空间能源等。

深海的生物资源虽然没有浅海区域的资源丰富，但其同样具有很重要的作用。深海中同样存在着各种鱼类、虾类、蟹类，这些生物资源为人类提供了更多更丰富的海产品。每年都会有很多深海捕鱼船在深海捕捞海鱼，这些深海鱼类比普通的鱼类肉质更为鲜美，而且其营养价值也很高。另外深海的一些生物还具有很强的药用价值，比如海参、海星、海胆等不仅营养价值丰富，其药用价值更不亚于陆地上的很多药材。

深海生物资源除了供人类食用之外，还具有很强的生物研究价值。一些处在数千米之下的深海生物一般很少出现，很多深海生物可能是人类从未见过的，这对于研究海洋物种具有十分重要的作用。而且深海生物一般来说存在时间较为古老，如一些深海的软体动物和腔肠类

深海生物之巨型海藻

动物，它们可能在地球上存在了数亿年之久，对于人类探索生物的发展史具有重要的意义。

深海生物中当然还包含一些深海植物，其中包括一部分海藻，这些海藻可以食用，同时也可以通过加工制成一些食品。例如，一些巨型海藻可以在深海中生存，并且具有很高的营养价值和药用价值。

深海矿物质也十分丰富，其中石油、天然气含量极其丰富，它比陆地上的这类资源要多出很多。我国海底油气储藏量十分丰富，每年对深海石油和天然气的开采工作都在进行；另外煤矿和铁矿等在海底也有大量的分布，这些矿产资源是维持人类生活生产的必需物质之一；还有铜矿、锰矿、镍矿、钴矿等在深海都有大量分布，其中的钴矿广泛应用于航空航天领域，是一种重要的矿产资源；另外还有热液矿藏，这种矿藏在深海裂谷处分布较多，一般是由于海底地质活动引起的火山活动所喷发的物质冷却形成的，其中具有多种金属矿物质，也是一种十分重要的矿产资源。

深海化学资源主要是海水中的化学物质，当然这在浅海也是同样存在的，其中主要包括常见的化学元素钾、钙、钠、镁、溴、铀等，因为海水资源丰富，所以可以从中提取大量的化学元素。这些化学元素被提取出以后，可以应用在食品、化工、医疗等多个领域。我们生活中做菜需要加入的食盐，就可以通过海水提炼出来。另外现在还可以通过一定的方法将海水变为淡水，这点对于缓解地球上淡水缺乏的问题是一种很好的补充。

目前深海中空间资源也得到了更多的应用，如深海光缆的铺设。深海光缆主要用于国家之间的信息传输，这种深海光缆的外部被绝缘的物质包裹着，可以抵抗干扰，并且这种深海光缆在传递信息时一般不会有延迟。人造卫星虽然也可传输电子信息，但其使用年限一般都在十几年左右，而深海光缆其使用年限可达二十余年。一般深海光缆不容易受到破坏，所以其价值还是很高的，作为国际通信的一种重要手段，很多国家都已经铺设了深海光缆。

除了上述这些深海资源外，深海中还存在着很多奇特的地形，包括深海山脉、大洋盆地、深海丘陵、深海裂谷、深海火山等，这些地质单元并不会给人类提供直接的资源，但对于人类了解地质史具有重要作用。人类通过探究深海中的一些地质构造可以更深入地掌握地球的发展史。很多深海地形存在时期久远，很少受到破坏，所以大都保留着原始的地质地貌，人类可通过这些来进一步确定地质发展活动史以及世界变化史。这些为人类了解自身，探索地球提供了十分重要的实体样本。

深海中的资源丰富，它为人类提供了一个十分重要的食物来源，而且其中可利用资源极为丰富，这是人类共同的宝贵财富。

由于深海所处位置较深，所以很多海洋资源的开采和利用较为困难，尤其是深海矿物质的开采，这些矿物质所处深度超过几千米，这给人类对其利用造成了很大的困难。但这些困难和问题都是暂时的，在不久的将来人类一定会彻底征服海洋，让海洋中更多的资源来服务人类。

深海脊梁"大洋中脊"

很久以前，人类对海洋还不够了解，不知道海底的地形到底是什么样子，是否和陆地上的地形类似，是否也有高山和平原，人类对其还局限于臆测。随着科学水平的不断提高，人类对海洋的认识逐步加深，知道海底地形是多种多样的，有高山也有平地，有裂缝也有隆起，人类这才慢慢地认识了海洋。

人类对浅海的认识相对较充分，但对于深海的认识远没有浅海那样了解。深海的海底地形也是近些年来才逐渐被深入认识的。人们发现在深海底部不仅有平坦的地带，还有高低不平的丘陵状地区，另外还有一些高大的海底山脉，就如同陆地一样，那样高大的山岭如果从底部向上望是很难看到顶峰的。人类开始对这种奇特的海底高山进行深入的研究。

我们把这些海底山脉通常称为海岭或者海脊，这些海脊的高度一般要高于两侧海底数千米之多。其中大部分是位于海水中的，但有时因为落潮等原因，海平面下降，使一些极为高大的海脊露出海面。这些高大的海脊在海底稳固地扎根，在海底形成一道极高的屏障，像是一面高耸的墙屹立在海底。

第一次世界大战之后，德国作为战败国需要支付大量战争赔款，当时的德国因为常年的战乱损失了大量的财力，所以急需钱财。此时德国著名的化学家哈勃在试验时发现，在海水中可以提取到黄金，于是他向政府提出这个海水提金的计划，并且得到了德国政府的大力支持。筹备很久之后，他便开始进行海水探测，在当时到访了多处海域，但哈勃发现不同海水中的含金量相差无几。后来到了20世纪20年代，人类发明了回声探测器。也就是此时，哈勃开始利用此仪器对海洋进行探测，他偶然发现在大西洋中部的一些海域并不深，这令哈勃很奇怪，他对其产生了浓厚的兴趣。人们后来逐渐发现，在大西洋海底存在一条很长的海底高大山脉，哈勃一个不经意的举动把人类对海洋地质的认识提升到了一个新的高度。

后来，随着人类对其不断地研究，发现这条海脊不仅在大西洋中存在，在印度洋以及其他两个大洋中同样存在，连接着整个世界大洋。后来人们把这条海脊称为大洋中脊。在太平洋中，其位置靠东；在大西洋中呈"S"形，向北一直延伸到北冰洋；印度洋中的海脊分为三部分，其形状像汉字"入"。大洋中脊相互连接，占世界海洋总面积的 1/3

左右。

　　大洋中脊要比两侧的海底高出几千米，一些露出水面的部分还形成岛屿，冰岛和亚速尔群岛就是大洋中脊露出海面的部分。大洋中脊整体上是连为一体的，但其中被很多断裂带分隔开，这些断裂带和其相交，导致大洋中脊在海底发生移位和错动，例如，赤道附近的大西洋中脊就被罗曼什断带断开，导致其位置相距1000余千米。断裂带处可形成很长的海沟或者海脊，其地形十分复杂。

最大的海岭大洋中脊

　　对于海脊的成因在之前也有很多种不同的说法，德国地质学家魏格纳提出了大陆漂移学说，随后人们在其学说基础上发展为海地扩张学说。该学说认为海脊的形成是因为地壳深处的物质受到挤压而被挤出，这些深处物质本身具有很高的热量，但是在海水中不断被冷却，形成隆起。由于地壳运动活跃，所以此处会继续此过程，老旧的隆起被其下方的物质挤到两边，新涌出的物质又逐渐冷却硬化成新的隆起，就这样海脊逐渐发展和扩大，其高度也在不断地上升。所以科学家认为海脊是大洋地壳的诞生处，此处海脊根部两侧的岩石也较为年轻。后人利用同位素测定的方法也进一步证实了这点，海脊根部两侧的岩石越靠近海脊就越年轻，越远离海脊处的岩石就越古老，而且这种现象会在海脊的两侧呈对称分布。这就充分说明海脊的形成就是由于地壳运动物质涌出而逐渐形成的。

　　海脊所处的位置可能地质活动也相对较为活跃，地震以及火山等地质活动尤为频繁，这对于人类对地质活动的研究也有十分重要的意义。此外，组成海脊的岩石也较为古老，其中的玄武岩等多种原始岩石都是上亿年前形成的，对于人类研究地质岩石性质来说很重要。

而且需要注意的是，海脊和海沟是不同的。海脊因为地质下方的物质喷发逐渐使其两侧物质向两边移动，岩石最为年轻，所以海脊可认为是大洋地壳诞生的地方，是板块生长的边界；而海沟和海脊的形成方式完全不同，海沟是在大陆地壳和大洋地壳相遇时形成的，由于两者的密度不同，大洋地壳所具有物质的密度要远大于大陆地壳的密度，所以当两者相遇时，在重力作用下大洋地壳会砸向大陆地壳，就如同一块巨型铁板砸入柔软的沙土中那样，形成一个极深的海沟。所以此处是大陆地壳消亡的地方，其存在的岩石年龄也较为古老。

深海中所形成的高大山脉原来已经在世界上存留了这么长时间，海脊就像人类脊椎一样，在海中如同一条巨龙静卧在海底，守护着宽阔无边的海底世界。海脊的存在使得深海世界又添加了几分神秘的色彩，深海中的世界可能很大，其中的生物可能也更为奇怪，所有一切都在深深地吸引着人类，引领着人类不断地对其进行更为深入的探索。相信在不久的将来，人类在深海中能有更多的发现，会把更大的奇幻世界呈现出来。

幽深昏暗的海底世界

海洋的神秘在于其深度的不确定，现在人类已知的海洋最深处是马里亚纳海沟，其深度为 11000 米左右，但其只是目前探测到的海洋最深处。海洋中或许还存在着更深的地方，等待着人类去不断发现。

马里亚纳海沟是人类已知海洋中的最深处，它位于太平洋西部马里亚纳群岛的东面，属于一种洋底的洼地，呈圆弧状，全长大约为

2550 千米，平均宽度达到了 70 千米，其大部分水深都超过了 8000 米。

　　马里亚纳海沟的形成和板块间的碰撞有关，当大陆板块和海洋板块相遇碰撞时，由于大洋板块的密度大，所以它会因巨大的重力而沉陷到大陆板块的下面，而发生碰撞的位置就形成了一个巨大的裂缝，这个巨大的缝隙就是我们现在看见的海沟。人类对海沟的探索也是逐步加深的，对海底深渊的接触也随着时间的推移而逐渐加强。

　　在 19 世纪末，人类还未发现马里亚纳海沟。当时进行首次测定地点是关岛的内罗渊，测定的深度超过了 9600 米，是当时人类所测定的最深点。这一数据保持了 30 余年，后来直到在其附近区域又测得了更深的数据才将此数据打破。人类对海洋的深度开始逐步了解和探寻，各国也开始积极研发相关的探测仪器，深海探测成为科学家的一项重大任务。

　　在 20 世纪中期，英国开始对深海发起了挑战，他们利用"挑战者"

静谧的深海世界

号对马里亚纳海沟进行探测。这种测定的方式是采用探针来测定的，科学家通过对其发出的声波进行探测，再利用仪器对返回的声波进行计算，便可知道海底的深度。按此方法英国测量得到了最新的海底深度为 10800 米左右。

在 1960 年，美国深海潜水器"里雅斯特"号携带两人向马里亚纳海沟进发，到达距海平面将近 11 千米处，这是人类当时到达的最深处。据说当时在下潜到近万米深度时，潜水器十几厘米厚的舷窗玻璃出现了裂痕，所以在最深处并没有做太久的停留。由于当时的科学技术所限，基本没有留下照片。

到了 20 世纪 80 年代，日本利用深海探测器对马里亚纳海沟进行了深度测量，用回波定位的方法测得最大深度 11000 余米。后来，其"海沟"号又将其深度精准到 10911 米左右。

2012 年，美国著名导演卡梅隆驾乘"挑战者"号深海探测器独自一人下潜至马里亚纳海沟，并且成功到达约 11 千米的深处。卡梅隆还收集了一些生物样本和地质样本，拍摄了一些照片和视频，卡梅隆也成为下潜到已知海洋最深点的第一人。

2012 年，中国的"蛟龙号"载人深潜器下潜至马里亚纳海沟 7000 余米处，开创了载人深潜器的纪录。其之前更多只是一个深海测量深度的机械，只能得到一个理论上的数值，并不具备深海作业能力。中国的"蛟龙号"属于载人作业型深潜器，它可以完成生物采集、热液取样、地质样本采集以及海底布放等多项深海科考项目，它和载人探险型深潜器是不同的。现在拥有能够下潜至 6000 米以上的作业型载人潜水器的国家只有中国、美国、日本、法国和俄罗斯。除了中国外，其余 4 个国家的作业型载人潜水器下达的最深处为日本的载人作业深潜器，深度为 6500 余米。所以中国创造了作业型载人深潜器的世界纪录。

人类曾在深海发现了乌贼、章鱼和一些鱼虾，其中还包括一些大型的鲸类。再往深处下潜，还发现了一种名为大嘴琵琶的鱼类。当深处超过 8000 米时，海水中的生物极为少见，海水呈深色，而且这里基本上没有光亮，漆黑一片，科学家在此也发现了一些鱼类。这个深度的海水压强已经达到了数十吨，也就是可以把很厚的钢铁压扁，但在如此巨大的压强下竟然还生存着许多生物，这令科学家十分诧异。他们看到这里的鱼类不仅不会被压扁，而且还可以在此自由地游动，似乎完全不受压强的影响。

当人类到达马里亚纳海沟时，发现这里的生物更为稀少了，但这里仍然可以发现一些少见的海洋生物，其中很多是人类从未见过的物种，一些不知名的鱼类仍然可以在此生存，海底还存在一些软体动物。

后来科学家对这些深海鱼类进行了研究，他们发现这些鱼类的身体和正常鱼类是不一样的，其在生理机能上已经发生了很大的变化。这些深海鱼的肌肉和骨骼都发生了很大的变化，由于深海的巨大压强，这些鱼类的骨骼很薄，似乎具有很强的韧性，可以弯曲到一定的程度而不至于断裂；其肌肉变得非常柔韧，相比一般鱼类的肌肉要柔韧很多，纤维组织也十分致密。而且这些深海鱼的鱼皮组织只有一层很薄的膜，这可以使它们的体内充满海水，这样就可以保持和外界的压强近乎相等，所以它们可以生存在如此大压强的环境中。另外这些深海鱼的眼睛也和正常鱼类的眼睛有所不同，通常鱼类的眼睛都长在头部的两侧，但深海鱼的眼睛却长在头部或背部。这种奇特的眼睛可以任意转动，可以保证其多方位的观察，而且还可以调动焦距，如同一架望远镜。

目前人类对深海的研究还存在诸多问题，深海中的生物应该还有许多等待着人类去发现。神秘的蔚蓝色的海洋在不断下潜之后变得一片漆黑，似乎披上了一层黑色的面纱。深海中是恐怖的，但即便如此，人类对海中最深处的探险也从未间断。

海底的高山为何"秃顶"

海底中奇特的地质现象有很多，因为人类对于深海的研究并不完善，许多方面还只停留在表面，没有足够的了解。深海中的海脊、海底盆地、深海丘陵等地形逐渐被人类认识，高大的深海山脉其高度达到了数千米，这要比陆地上的山脉高很多，但由于其位置较深，所以人类对其研究很困难。这些高大的山脉中有一些会出现没有尖端的现象，其顶部是圆形的平坦区域，这种深海平顶山的形成一直没有一个正确完整的解释，人类对其更多的是推测而得不出一个合理的答案。

海底平顶山在第二次世界大战时被发现，当时美国为了让军舰能在海中更好地作战，开始对海底进行探测，以充分了解海底的地形情况。美国政府派遣了国内著名的科学工作者赫斯，让其对海底进行细致的勘查。当时赫斯在普林顿大学任教，已经是教授头衔，当收到美国政府邀请时，赫斯开始积极筹备这项勘查工作。在完成准备工作后，他便投入到了勘查任务中。他率领众多人员在太平洋海域进行地质勘查。赫斯利用回声探测仪，对太平洋的很多海域都进行了探测。他发现海洋中存在着数不清的高山，它们或许单个存在，或许成群存在，成群的海底高山很多都是呈队列式分布。赫斯发现的这些山脉中，就包括海底平顶山，这也是人类第一次发现海底中的平顶山。赫斯发现这些平顶山高矮不同，并且大小不一，所处的深度也不一样，有些在极深的水中，有些则在较浅的海底。

赫斯是首个发现并提出海底平顶山这个概念的科学工作者，他还把那些水深小于 200 米的平顶山称之为"盖奥特"。这个名字的由来是源于赫斯所在的大学，据说普林斯顿大学存在一座地质大楼，是以 19 世纪的地理学家盖奥特命名的，而这个地质大楼正好也为平顶，就如同海底的平顶山，所以赫斯将其命名为盖奥特。还有人认为其是为了纪念赫斯的地质学老师盖奥特而命名的。

这种海底的平顶山顶部都很平坦，就像是被某种力量削去了顶部一样，让人看起来觉得很不可思议。平顶山呈圆锥状，上部较小，根部较大，其平坦顶部的下方十分陡峭，越靠近根部其坡度越缓。平顶山的直径一般可以达到数千米，其根部的基座更大，长度可以达到万余米。如此之大的平顶山和其高大的海底山脉应该会存在一定的联系，但其顶部的平坦区域却一直令科学家们不解。

海底平顶山在太平洋海域中分布最多，现已知的平顶山就有 100 余座。如瓦列里厄海底平顶山、约翰逊角海底平顶山、赫斯海底平顶山、林恩海底平顶山等。其所处的位置不同，距离水面的深度也不一样。例如，阿留申海沟附近的海底平顶山，其距离海平面 3000 余千米，而且不是单一存在，很多平顶山聚集在一起，形成十分壮观的海底景观；而马绍尔群岛附近也拥有许多座海底平顶山，但其距离海面的距离相对较浅；另外还有一些平顶山距离海面只有百余米，这类平顶山因为所处位置较浅，所以是人类研究平顶山的最佳选择。

平顶山的顶部有些还呈圆顶，并不是完全呈平坦状态。不论是平顶还是圆顶，其形成都要从两方面进行解释。在先解释平顶之前，一定要对整个平顶山有足够的认识。平顶山呈圆锥状，所以我们一般认为平顶山是因为海底火山喷发逐渐形成的，火山喷发时喷射出的物质逐渐堆积形成巨大的火山锥，长此以往就形成了圆锥状。关于这点已经得到了一些证实，科学家在平顶山上发现了大量的玄武岩，这些火山喷发物足以证明其整体的成因。但想要解释其平顶的原因还存在很

奇特的深海平顶山

多问题，关于平顶山顶部平坦的原因也有许多种不同的说法，其中主要有两种说法。

一种是赫斯的说法，他认为平顶山之前是一座完成的火山岛，因为海浪的不断冲击，把山顶的头部削平了，逐渐就形成了现在的平顶山。后来，一些科学家确实在平顶山上发现了一些被磨圆的玄武岩，这些似乎可以为赫斯的说法提供强有力的论据。但是这种说法马上遭到了诸多质疑，因为需要磨平玄武岩，是需要使这些玄武岩接近海平面的，只有这样才能使玄武岩变得浑圆。但当时的水深只有几十米，现在的平顶山位于海面以下数千米，海浪在此是不会对玄武岩进行侵蚀作用的，更不会把平顶山削平。另外科学家后来还发现山顶的岩石比山脚的岩石存在要久远，这就不符合火山喷发逐渐形成平顶山的观点，因为火山喷发时喷发出的物质应该被埋在底下，只有新喷出的喷发物才会出现在山顶。

另一个说法认为现在的海底平顶山原来是火山喷发时的火山口，因为当时的火山口接近海面，所以导致很多珊瑚在其表面繁衍发展，形成了环状的珊瑚礁。珊瑚礁逐渐死去和更新，使得火山口形成了一个坚实的平面，最后就成为现在的平顶山。这个说法也没有足够的证据去说明其观点，所以也没有得到人们的认可。

不管是哪种说法，其都是自圆其说。至今还没有一个准确的说法，所以海底平顶山的成因还是一个谜。但人类发现海底具有平顶山的区域鱼类等分布众多，这可能是因为其海流在遇到海底平顶山时出现了向上的上升流，这股海流夹杂着大量的有机物，导致鱼类到此进食，所以出现了这样的现象。由此来看，海底平顶山对于人类的捕鱼活动还有很重要的帮助。以后随着人类对海洋的逐步认识，一定可以解开平顶山谜团。

Part 1 充满无尽秘密的深海

Part 2

珍贵的深海生物资源

深海生物不仅为人类提供着丰富的海产品,而且很多深海生物还具有很强的药用价值。其营养价值是普通海洋生物的数倍,体内还有丰富的优质蛋白,是人类补充蛋白质等营养的最佳食品。其中的海参、海胆等还具有药用价值,其作用不逊色于陆地上很多的药材。

藏匿在深海中的药材

提到药材，我们会想到一些草药的名字，比如人参、枸杞、当归等，但这些都属于陆地上的药材，并且只能在陆地上生存。现今人类已经把目光投向了海洋，在海洋这个辽阔的神秘水域中，也藏匿着很多珍贵的药材。这些来自海底的药材经过人们一系列的提炼和加工，变成了一颗颗药丸，治愈着各类疾病。

海洋中分布着许多具有药用价值的动植物，其中常见的包括海参、海胆、海星、海藻、牡蛎、海马、石决明等，其中的海参、海胆和海星等在深海也有分布。它们有些是体内的可食用部分可以入药，有些则是外壳部分可以入药。其中我们常见的海参就是一种极为珍贵的海洋药材，其营养价值和药用价值都很高。

海参作为深海中的一类物种，其存在的历史可以追溯到寒武纪，属于地球上最早的生物物种之一，被称为海洋中的活化石。海参是一种圆筒状的生物，一般体长几厘米到几十厘米不等，较大的海参并不多见。它的表面充满着肉刺，颜色多以黑色和灰色为主。海参还有很多触手，这些触手一般呈圆形，大约有 20 个，这些触手可以为海参提供食物，还可以挖掘浅一些的洞穴。海参的体态让人看起来或许有些许的不适，更像是陆地上巨大的"毛毛虫"。在遇到敌害时，有些海参会从后部肛门处排泄出内部的器官，这也是海参躲避敌害的一种方式，但无须担心海参会因此死去，不久之后海参还会再生出新的器官。

一般来说，水温过低的时候海参就会停止活动，这时海参就会找寻一个合适的角落来隐藏自己的身体，比如石头下面或者岩石缝中。海参在此期间不会进食，也不会移动位置，它会把身体进行收缩，整个身体都将变硬。只有这样才能保证其不受到其他海洋生物的侵害，

具有肉刺的海参

海参会在此度过很长一段时间，等到适合自己生存的季节到来时，它才会逐渐苏醒过来。

另外，海参不具有强烈的攻击能力，之所以它能够在地球上生存如此长的时间，就是因为其繁殖能力强，一般一头成年海参可一次性排卵 500 万颗，这使得海参即使容易受到攻击也不至于灭绝。

海参之所以被称为参，是因为它具有和人参一样的营养价值和药用价值。海参体内含有丰富的营养，是一种典型的高蛋白、低脂肪、低胆固醇食物。另外食用海参还可以延缓衰老，对于预防肿瘤也有很大的作用。海参还被称为抗癌灵丹，海参具有很强的细胞毒性，能够在一定程度上抑制癌细胞的出现，可以提高人体的免疫力。此外，海参还能够滋阴补肾，是男性壮阳的最佳食材。

海胆和海参有类似的历史，它也属于地球上最为古老的生物之一。海胆一般呈球状，但其并不规则，其底部像是一个盘子，可以固定住身躯。海胆的外表一般具有坚硬的刺，而且外表的壳也较为坚硬。海胆的口位于下部，可以食用藻类和蠕虫等一些小型的生物。海胆的表面一般颜色较深，多呈灰色、棕色和黑色，也有一些海胆呈绿色或者紫色。海胆有雌雄之分，幼年海胆需要 1 ～ 2 年的时间才能发育为成熟的海胆。

海胆的营养价值也很高，人体可食用的部分是海胆的生殖腺，也称作海胆卵、海胆黄、海胆膏、海胆籽等，呈黄色，但含量并不多，大约占海胆总重的 10%。这些海胆籽中的氨基酸含量十分高，可以用来预防心血管疾病，而且要比肉类食品中的蛋白质含量高很多。另外海胆还可以滋补强身，可以起到壮阳的作用，深受男士的喜欢。海胆也可以提高人体的免疫能力，降低胆固醇。

现在人们把海胆制成多种食品，如海胆酱、海胆干等。海胆的外壳还可以用来雕刻一些工艺品，具有一定的艺术价值。

海洋中一些贝类的外壳也有十分重要的药用价值，石决明就是最为典型的例子之一。它是鲍鱼类的外壳，含有大量的碳酸钙，还含有磷、钠、镁、铁等多种化学元素，其中氨基酸的含量极高，包括甘氨酸、丙氨酸、谷氨酸、精氨酸、亮氨酸、缬氨酸、苏氨酸、酪氨酸、苯丙氨酸、异亮氨酸、赖氨酸、胱氨酸、组氨酸等。石决明可以用来制药，其作用有清热、降血压等功效。另外，石决明还有一定的抗病毒、凝血及提高免疫力的作用，可以用来治愈很多病症。

海洋中的药材极为丰富，它不仅包含动物，还有一些海洋植物也具有很强的药用价值，比如很多藻类也可以入药。一些在深海中的海草等都可以用来治疗疾病。深海中越来越多的生物开始逐渐进入人们的视野，对它们的研究也逐渐深入，这些深海生物的药用价值也随着科技的发展慢慢被人们利用。现存的疑难病症在不久的将来一定会得到解决，而解决的办法很有可能就出自这些深海生物。

海藻类中的巨无霸

藻类的种类很多，分布也比较广泛，大部分为真核生物，当然也有一部分属于原核生物。我们把生活在海洋中的藻类统称为海藻，海藻大小不一，有些只有几厘米，有些甚至可以达到数百米，这类体形较大的藻类称为巨藻。巨藻作为海藻中的王者，它不仅拥有庞大的身躯，而且还有很多用处，在医药、化工、能源等方面都有十分重要的作用。

巨藻属于藻类大家族中的一员，它和其他很多藻类一样，属于低级植物，没有根、茎、叶之分，但它可以利用体内的叶绿素等进行光合作用，为自己提供丰富的养料。巨藻的体内除了具有叶绿素，还有红色的胡萝卜素、黄色的岩藻黄素，所以巨藻多数呈褐色，也被称为褐藻。巨藻的体形大，寿命也较长，一些巨藻甚至可以在海中生活十几年。巨藻的"根"实际上并不是真正的根，它不会像陆地上的植物那样，把根牢牢地扎向土地。巨藻的"根"是用来抓住岩石或者海底，起固定作用的，所以我们形象地称之为"固着器"。这个固着器像根一样，会紧紧抓住任何东西，以稳固巨藻的身体。另外，巨藻还可以漂浮在水面上，因为其有很长的柄，除了柄的支撑外，最为重要的是海藻有很多大片的假叶，这些假叶众多，交错纵横，在成熟巨藻的假叶下部还有气囊，所以完全可以保证巨藻漂浮在水面上。

巨藻的身体有一条主干，其身体周围还伸出很多分支，它如同巨藻的手足，可以为巨藻提供更多的养分。巨藻一般来说都可以长至几十米长，在一些适合其生活的地方甚至可以达到数百米。所以我们看到的巨藻往往像是绵延不绝的海上"怪物"，在蓝色的海水中，给人以惊恐之感。巨藻的柄也不止一支，可以分出很多次柄，然后在次柄上再生长出很多假叶，这种假叶漂浮在海中，在水面上重重叠叠，互相交织，使海水呈一片褐色。曾有船只在海中看到一条极长的"大蛇"，这条长蛇在海面上随着海水摆动着婀娜的身姿，这让船上的人惊恐万分，逐渐靠近才发现，这是一片巨藻的假叶。巨藻在原本就充满神秘的海洋中又为海洋盖上了一层奇特的"面纱"。

绵延数里的巨藻

　　巨藻的生长也十分迅速，是藻类中生长最快的海藻之一。一般来说，在较为适宜的环境中，巨藻每天就可以生长数十厘米，所以巨藻在很短的时间内就可以拥有硕大的身躯。一般在透明度较好的水域中，巨藻的生长深度可以达到 30 米，在十几米处的长势最旺，在一年左右就可以由小海藻变成巨藻。海藻对海水的温度有一定的要求，其在10 ～ 20℃的海水中生长最好，海水的温度过低或者过高都会严重影响巨藻的发育。所以巨藻的长势受到外部环境的影响，在极为适合的环境中，巨藻自然生长茂盛，可以占据数十海里；相反，可能只会成为体形不大的巨藻。

巨藻的生长过程分为孢子体时期和配子体时期。巨藻在成熟以后，其体内的孢子体也随之成熟。之后假叶面上会出现一系列的隆起现象，这是叶面细胞分化产生的孢子囊群，每个囊内会有数十个游孢子。囊群会在发展到一定程度后，释放囊内的孢子，游离囊群的孢子其两侧拥有鞭毛，在水中一旦碰到固体或者一些可以附着的物质，就会依附其上。之后会出现配子，配子要比孢子还要小，它分为雄性和雌性两种，属于成熟的生殖细胞。配子在发育十几天之后，雄性配子便排出精子，雌性配子便排出卵子，精子和卵子进行结合，形成合子，再经过细胞分裂逐渐形成孢子体。孢子体逐渐发育成新的个体，巨藻就是这样完成生殖的。

　　有一种分布在太平洋沿岸的冷水性巨藻，其成熟之后可以长至几十米，一些甚至可以达到百余米。这类巨藻和一些巨藻有些不同，其柄大部分是径直的，而且一般呈圆柱形状，在其上还长着很多分支，其假叶分布在其中一侧的柄上，所以这种巨藻很多都是呈螺旋状的。它的固着器形似圆锥，由多个类似于叉状物组成，可以紧紧抓住岩石。这类巨藻成熟后的假叶很大，其边缘类似锯齿，在假叶的根部也有球状的气囊，保证其能漂浮在水面上。在完全成熟之后，在其假叶面上也会产生隆起，只是这种隆起只会出现在巨藻基部的假叶中。隆起部分发育成孢子囊群，之后出现配子，完成生殖过程。这类巨藻有几种分布在美洲西部，另外在大洋洲和南非的沿海也有分布。我国在20世纪70年代末曾从墨西哥引进了这种巨藻，并在青岛海域中进行培育。这种巨藻有多种用途，本身可以食用，另外还有很多的药用价值，可以从中提取碘、甘露醇等物质；在化工方面还可以用来制造甲烷。

　　另外，巨藻的体内还含有丰富的钾等化学物质，从中可以提取多种化学元素。此外，把巨藻绞碎以后，还可以进行微生物发酵，其产生的甲烷可以供人们使用，这种方法获取的甲烷转化率极高。近些年还有一些研究表明，巨藻体内还含有一些物质可以用来治疗贫血，还可以用来预防感冒等。巨藻的药用价值越来越多，它所发挥的功效也越来越大。

散发绿光的蛋白质

海洋生物是在海洋中生存的生物，其种类繁多，各具特点。它们不仅为人类提供着物质上的帮助，还给人类带来了很多启发。例如：人类利用海豚的流线型身躯和皮肤结构的特点发明了鱼雷、潜艇的水下部分；利用鲨鱼的身体结构和游动原理发明了鲨鱼泳衣；利用鲎的眼睛结构和神经系统，设计出了一种电视影像摄影机，这种摄影机能在很弱的光线下得到清晰度很高的影像。这些都是海洋生物为人类做出的贡献，海洋中神奇的生物不断地为人类带来新的启示。

海洋中很多生物都可以发光，一些鱼类可以利用发光的触角进行诱敌；一些珊瑚也可以发出耀眼的光芒；某些水母也可以发光，人类从水母发光现象中，还发现了一种特殊的蛋白质——荧光蛋白。

在 20 世纪 60 年代，日本科学家下村修在美国西海岸打捞了很多水母，这些水母和一般的水母不同，它们会发光。下村修等人知道某些水母是可以发光的，但是对于这种发光的具体原理，下村修还存在很多疑问。下村修将这些散发着绿光的水母带到了实验室，开始进行细致的试验。下村修希望通过试验可以找到发绿光的荧光素酶，为此他做了大量的实验，但始终没有得到满意的结果。后来，下村修认为水母体内可能存在一种可以产生荧光的蛋白质，在其不断的努力下，终于发现了这种水母体内一种叫做水母素的物质，它可以使水母发光。后来，一次偶然的机会，下村修将这种水母放进了水池中，他发现水母发出了更强的光，原来是水中的钙离子和水母素进行了结合。这种

会发光的荧光蛋白

水母原本应该发出蓝光，但其体内存在一种蛋白质可将蓝光吸收，然后散发出这种绿色的光。这种水母体内能吸收蓝光并发出绿光的蛋白质，后来就被称为绿色荧光蛋白质。

下村修因为这个发现还获得了诺贝尔化学奖，现在这种利用水母素来检测钙离子浓度的方法仍在应用，这也是首次用空间分辨能力来检测钙离子的浓度。

在发现绿色荧光蛋白之后，人们对其进行了一系列的研究和观察。科学家在显微镜下发现绿色荧光蛋白分子的形状犹如一个水桶，这个桶的中间就是发光的物质，它就像是一个盛有色素的桶一样，对蓝色光会产生不同的效果。绿色荧光蛋白分子内的发光基因在受到蓝色光照时，它会吸收一部分蓝光，从而散发出绿色的荧光。利用这个特点，科学家可以将其标记在不同的生物分子或细胞中，这样就可以利用蓝光的照射来发现被标记的分子或细胞。这使得很多透明的细胞在显微镜下更容易被观察到，对于一些活动的分子更是可以很容易地被识别出来。

在绿色荧光蛋白未发现之前，对生物活体样本的实时观察还存在很大的困难，现今通过标记绿色荧光蛋白就可以实现。这种从水母发光现象中获取的蛋白质现在已经得到了更为广泛的应用。

利用绿色荧光蛋白的特性可以将其和其他的目的基因进行重组，然后用它特有的发光机制对目的基因进行观察，这种观察方法在生物学的很多领域都得到了广泛的应用。绿色荧光蛋白只含有 200 多个氨基酸，所以相比于其他的蛋白质来说具有体形小的特点，这就使得其可以和其他的蛋白进行融合，并且不影响其发光的效果。人们可以利用此功能进一步研究细胞的分裂、体内信号转移等过程。

除此之外，绿色荧光蛋白还能用来做药物筛选。绿色荧光蛋白分子量小，所以对细胞不会产生过多的影响，可以将其注入到各类化合物的细胞中，然后通过其荧光的密度或者探针的分布来研究目标蛋白质受体和酶等状态的变化。将荧光蛋白和探针中的信号分子进行关联，我们就可以通过信号分子的迁移变化研究该蛋白的功能，这种方法可以让我们从很多的化合物中筛选出适合的药物。

绿色荧光蛋白除了在上述这些方面有很重要的应用外，在其他的方面也有十分重要的作用。它可以作为生物传感器，还可以进行抗体的融合等；另外在肿瘤发病机制中和信号的传导中也有一定的应用；一些科学家还利用这种发光水母进行光伏发电。

一种在水母中提取的蛋白质会有如此多的应用，这也是人们利用海洋的力量来发展科学最为典型的例子之一。海洋生物确实为人类提供了更多的启示，很多现象的背后可能就隐藏着一个伟大的科学原理。所以海洋生物为我们提供的不仅仅是一种观赏性，可能在其背后向人们暗示着更多的科学秘密。随着社会的不断进步，科学技术不断发展，未来的海洋生物一定会为人类带来更多的启迪，让人们在科学的道路上越走越宽。

海洋生物与蛋白质

海洋占据着地球上的大部分面积，被认为是原始生命的摇篮。海洋可以说是人类生存的第二陆地，虽然人类长期居住在大陆上，但却时刻离不开海洋。人们需要从海洋中获取丰富的海洋食材，需要从海洋中获取更多的资源。海洋生物可谓是让我们的饮食生活变得多姿多彩，让我们的餐桌上不再单调。

海洋生物众多，其中包括海洋动物、海洋植物和一些微生物等，其中海洋动物又分为脊椎动物和无脊椎动物，脊椎动物就是我们熟知的鱼类等，而无脊椎动物主要就是各种贝类和螺类等。我们常食用的鱼类、贝类、蟹类等都含有丰富的营养物质，其蛋白质的含量更是远远高于其他陆地动物。

蛋白质是人体所必需的一种物质，它是构成人体细胞的重要成分之一，人体的一切生命活动都需要蛋白质的参与，所以说没有蛋白质就没有生命。正常情况下，蛋白质大约占据人体总质量的18%，它与人体的很多方面都联系在一起。蛋白质的种类很多，功能也都不一样，它是由其基本单位氨基酸组成的，是人体必需的一种大分子有机物。

蛋白质对于我们十分重要，在人们饮食过程中，都会有意识地去食用含蛋白质较高的食物，如人们常吃的蛋类、奶类、肉类等都含有大量的蛋白质。除此之外，海洋中可食用的鱼类等也都含有大量的蛋白质，并且海洋生物中所富含的蛋白质属于优质蛋白质，它更利于人体的吸收，对人体的好处更为明显。海鱼中还有人类所需要的氨基酸，而这在一些含有蛋白质的物质中是不存在的。

食物中的蛋白质被人体摄入后经过水解形成氨基酸，之后被人体吸收，同时新的蛋白质又再次摄入，再次进行水解吸收利用，所以适量的蛋白质会让人体中的氨基酸含量处于一个平衡的状态。蛋白质对人体重要，但并不代表摄入越多就越好，摄入量过多一方面使得蛋白质无法再次被吸收；另外过多的蛋白质还会有部分在体内转化成脂肪，长此以往，就会造成肥胖的症状。但这些似乎和海洋中的动物无关，比如海鱼，海鱼中的胆固醇含量是极低的，所以食用鱼肉来补充蛋白质并不用担心长胖的问题。

海洋中除了鱼类之外，虾类中的蛋白质含量也极为丰富，而且其中的优质蛋白同样不会对人造成伤害。其中南极磷虾中的蛋白质含量更是惊人，它含有人类所必需的氨基酸，并且脂肪的含量极少，其中所包含的氨基酸完全高于牛奶和牛肉。根据科学家的检测，人体内所必需的 8 种氨基酸，磷虾的体内全部含有。

南极磷虾

人们常食用的对虾、明虾等也都含有大量的蛋白质，并且其他营养物质的含量也很丰富。

另外一类就数蟹类了。海洋中蟹的种类也是多种多样，我国大概有 800 余种，常见的有关公蟹、梭子蟹等。我国自古以来就有食蟹的传统，吃螃蟹已经成为我国的一种饮食文化。众所周知，蟹肉营养丰富，含有钙、钾、镁、铁、锌等多种人体所必需的元素，其中的蛋白质含量也是十分充足。蟹肉对于人体有滋补的作用，它可以清热解毒、活血化瘀，有很强的食疗作用。

此外，海洋中的贝类也具有很高的营养价值，其蛋白质的含量也是高于很多陆地上的食品。贝类属于无脊椎动物，是软体动物门中的瓣鳃纲。其外表通常带有坚硬的贝壳，一般由头、斧足、内脏囊、套膜和贝壳 5 部分组成。我国海域中贝类种类众多，我们常见的有扇贝、牡蛎、贻贝、蚶子等，营养价值极高，另外它们还具有很高的经济价值。现在很多人开始人工养殖贝类产品，来满足更多人的食用需求。贝类中的蛋白质含量也非常高，并且味道鲜美，可以和很多食材进行搭配，是人们餐桌上极受欢迎的一类菜品。

另外一些贝类的贝壳还可以入药，有一定药物价值，对于人体的一些疾病有特殊的功效。如石决明、珍珠粉等都可以用来入药，而且这类药物对人体的副作用极小，属于天然的药物。

我们平时所食用的海产品，其中都含有丰富的蛋白质，而且这些海洋生物体内所富含的蛋白质大多数都属于完全蛋白质，这种蛋白质所包含的氨基酸种类多、含量高，是人们补充蛋白质的绝佳食品。此外肉类中虽然富含蛋白质，但是大量食用肉类会导致脂肪的堆积，为人体带来不良的影响。所以，食用海产品来补充蛋白质才是最佳的方法。

海洋生物时刻为我们提供着丰富的食物资源，海洋生物就像是一个天然的蛋白质宝库，为人类带来各种优质的蛋白质。但如今某些地区海洋污染极为严重，海洋中生物的生存环境遭到了破坏，致使很多海洋生物受到了污染，所以市场上的一些海产品并不安全。作为地球上共同生存的生物，我们应该学会保护海洋，给海洋生物创造一个良好的生存环境，这不仅是在帮助它们，更是在帮助我们人类自己。

Part 3

奇特的深海动物资源

深海之所以神秘是因为其中养育着众多奇异的生物，它们有些体形微小，有些则身躯庞大，有些可以发出耀眼的光芒，有些则丑陋无比。深海生物一直在以各种奇特的方式出现在人们的眼前，它们个个身怀绝技，本领超群，在深邃的海洋中生活了数千年。美丽的海洋因为它们变得更加绚丽，也因为它们变得更为神秘。

令人惊奇的海中之龙

浩瀚的海洋中，有着数不尽的奇异生物，它们有的可以发出奇怪的叫声；有的可以散发出耀眼的光芒；有的还可以相互亲吻。它们中有的体形微小，或许只有在显微镜下才能被发现，有些则体形庞大，是人类体重的数万倍。它们遨游在蔚蓝的大海中，很多生活在数百米甚至上千米的深海中，所以人类对其知之甚少，充满神秘色彩。

在大洋中，生活着一种体形巨大的鱼，名为皇带鱼。皇带鱼体长可达数米，有些甚至可以达到十几米，它们一般分布在亚热带和热带的深海中，是一种较为神秘的海洋生物。

因为皇带鱼体形巨大，长度惊人，因此它还有龙王鱼、大带鱼、大鲱鱼王等称呼。它属于辐鳍鱼纲月鱼目皇带鱼科中的一种，是海洋中最长的硬骨鱼。之所以称其为带鱼，是因为皇带鱼的形状类似带状，如同我们所食用的带鱼。皇带鱼体长身宽，但头部相对较小，且多为蓝色，一般鱼体表面呈亮银色，在鱼身两侧还有数条蓝色的花纹，其表面并没有鳞。在其体侧还有几行不明显的凸起，背鳍一般呈红色，并且背鳍很长，游动时犹如一条红色的丝带在随风舞动。

皇带鱼体形大，鱼身长，在深海中它们主要捕食一些比其小的生物，包括鱼、虾、螃蟹、乌贼等，属于一种肉食性鱼类。科学家发现，它们的性情有时并不好，还有捕食或者攻击同类的现象。这可能是它们饥饿时的一种表现，或者是它们演变而来的一种习性。皇带鱼体长似带，但是它们游动的速度并不快，虽然拥有牙齿，却不具有太大的杀伤力。一般来说，它们都在深海中缓慢游动，细长的身体银光闪闪，远远看去就像是一条银白色的丝带在舞动。身体长也有一个好处，就是在捕食时，皇带鱼可以通过蜷缩自己的身躯来进行蓄力，等到猎物到达皇带鱼的攻击范围时，便可以突然发动攻击，将其捕获。

有关于皇带鱼的繁衍，科学家对其中的一些问题还存在不解。皇带鱼一般会在11月中旬左右开始进行交配，此时皇带鱼会集中到一起，从四面八方赶到同一个地点，年年都如此。这点就令科学家们感到十分迷惑，到现在仍不知道是什么原因可以让它们如此准确地来到同一地点。皇带鱼究竟是靠什么来进行定位的，这至今还是一个谜。成百上千条皇带鱼集结在一起，它们围成一团，数十条甚至更多的雄性皇带鱼把雌性皇带鱼围在中间，雄性和雌性互相交织在一起。这个过程大约要持续十几天，之后雌性皇带鱼产下鱼卵，而雄性皇带鱼则开始释放体内的精子。

身长数米的皇带鱼

雄性皇带鱼会在排出精子后快速离开，以便更多的雄性皇带鱼与雌性皇带鱼结合，并且在此期间雄性皇带鱼并不会发生同类之间的斗争，这也是令科学家感到奇怪的。有科学家猜测，可能在繁殖季节皇带鱼的体内会产生一种特殊的酶，这种特殊的酶或许可以抑制它们之间进行斗争。

由于这种鱼生活在深海中，所以人类对其了解甚少。在现代科技发展之前，一些海上的水手包括渔民也都看到过这种皇带鱼，并认为是巨大的"海蛇"。历史上就有很多关于皇带鱼故事的记载。

大约在公元 4 世纪，就有记载说有人在沿海碰到了一种巨大的海蛇，而且还会攻击人。其实这很可能就是皇带鱼，因为它体扁形长，所以被当时的人们误认为是海蛇。

另外在 20 世纪 40 年代末，也有一个讲述皇带鱼的记载。当时的英国军舰从印度洋返回普利茅斯港时，船上的水手们遇到了一种从未见过的巨型生物。据描述称，军舰上的军官看到船舰的尾部出现这种巨型的怪物，并且尾随着船舰游动。当时船上的很多水手也都看到了这种巨大的怪兽，并称之为"大海蛇"。船上的人员惊恐万分，但这条"大海蛇"不久便沉入海底消失了。船长还特意将此事写了一份报告呈递给上级，报告中详细地介绍了整个事情的经过，其中称"大海蛇"露出水面的部分就有数十米，船上人无不为此感到恐慌。

另外在近代，皇带鱼还被赋予了一个新的称号——地震鱼，因为近些年来皇带鱼逐渐被人发现，而且很多都是被海水冲上岸边。人们还观察到，这种鱼往往会在地震的前后出现，所以认为其和地震有十分密切的关联，所以称之为地震鱼。在 2016 年的 4 月份，我国台湾省就发现了一条皇带鱼，其长度超过了 3 米，而当时台湾确实发生过地震。所以地震鱼的这个名称还是名副其实的，皇带鱼会受到地震的影响，或者说和地震有一定的关系。

因此，从古至今这种"大海蛇"一直被认为是一种不祥的生物，它的到来往往预示着大灾难的发生。很多人认为皇带鱼的出现是一种不祥的征兆，被认为是恶魔的化身。但在 21 世纪的今天，我们还是要用正确的态度来对待这种海洋生物，并不能以古代人迷信的心理来认知自然灾难。皇带鱼本身就是一种海洋生物，并不是恶魔，至于其出现和地震间的联系，这可能是很多生物共有的一种特性，只不过这

深／海

Deep Sea

种生物不常见罢了，所以每当出现时自然被人们赋予一种极为神秘的色彩。

深海最懒惰的鲨鱼

人们对于海洋的认知还完全不够，尤其是对深海的研究还存在很大的空白区。深海中的生物可能并没有浅海生物的数量和种类多，但因人类对深海生物了解很少，所以深海中的生物极具神秘色彩。

海洋平时被人们连在一起说，但实际上海洋由两部分组成，一部分是"海"，一部分是"洋"。海和洋有完全不同的概念，海相对来说较浅，属于大洋的边缘，是洋的附属部分；而洋才是海洋中的主要组成部分，并且洋都很深，一般都在数千米以上。人类对海洋的研究还存在于海的阶段，对于深处的洋还没有足够的了解。我们所说的深海，只不过是深度超过 1000 米的部分，还属于海的范畴。当然现在人类的技术还不能达到极为深处的位置，甚至对于深海中一些生物都还了解得很少。

科学家现在对于深海中的很多生物还知之甚少，其中一种叫"睡鲨"的鲨鱼就是了解较少的深海生物之一。

睡鲨是鲨纲角鲨科的一种，因为其在格陵兰附近海域分布较多，所以也被称为格陵兰鲨。睡鲨的长度一般可达数米，重量在 1000 千克左右，相当于十几个成年人的总重量。睡鲨的表面多呈黑色或蓝色，也有些呈灰色或紫色。它的鱼鳍相对较短，眼睛也没有其他鲨鱼大，但牙齿却极为锋利。

睡鲨一般都生活在较深的海域，只有到了夏季时才可能会游到一些浅海地区。之所以被称为睡鲨和其行动有关，睡鲨一般独来独往，而且十分懒惰，游动时就如同睡着了一样，十分缓慢；平时在

生性慵懒的睡鲨

海底时常保持不动的状态，就像睡着了一样。可能就是这种生性导致这种鲨鱼的鳍部变小，眼睛也没有其他鲨鱼大。

有关于睡鲨的捕食还存在很多令人费解的问题，睡鲨行动缓慢，一般会捕食一些小型鱼类、海蟹、乌贼、水母、海鸟等。但有科学研究者在睡鲨的胃中发现了海豹、鲱鱼等游速很快的海洋生物，这似乎不符合睡鲨的特点，以睡鲨的游速是不可能追上这些生物的，所以这也是令很多人感到迷惑的问题。或许睡鲨会采用某种特殊的捕食方式呢？但现今人类对其了解较少，还没有发现睡鲨有其他捕食方面的技能，这一切还是个谜。

对于比它游速快两倍的海豹，睡鲨是如何将其捕获的呢？近期一些科学家认为这种游速最慢的鲨鱼可能会在海豹熟睡时悄悄靠近猎物，然后发起突然攻击从而成功捕捉到海豹。日本的一些海洋生物学专家认为睡鲨可以捕捉到活着的海豹，具体的捕捉方法就同上述所说的类似，但这似乎也不太合乎情理。

一些科学家甚至在睡鲨的胃中发现了北极熊和整只马，这说明这种行动缓慢的鲨鱼可能也拥有十分勇猛的一面，不然怎么会吃掉大型的动物呢？但一些人认为这并不能表示睡鲨可以捕食到这些大型动物，他们认为马可能是由过往的船只带来的，是死后被人扔入水中的，这些睡鲨天性懒惰，它可能会尾随着船只，以便获取人类扔入海中的一些剩余食物。对于睡鲨这种深海生物，科学家们也没有太多的认识，关于睡鲨的很多问题还存在争论，而且没有一个具体的研究实验或者影像资料证明关于睡鲨习性的问题。

有关睡鲨繁衍的问题科学家也知之甚少，由于它们多数时间处于深海中，而且它们的体色与深海的颜色还极为相近，所以人类对其观察极为困难。直到现在还没有人拍摄到睡鲨交配的视频资料，只知道睡鲨繁衍很慢，大约十几年睡鲨的数量才会多一倍。睡鲨属于卵胎生鱼类，幼鱼在母亲的体内发育成形后才出生。其他关于睡鲨的繁殖过程人类知道得很少。

另外，睡鲨还有一点较为不同，它的体内含有一种叫作氧化三甲胺的特殊物质，这种物质经过消化后会分离出来，形成三甲胺。三甲胺是一种神经毒素，生物食用后会产生沉醉的效果。海洋中的一些鱼类误食了睡鲨肉后，便会无法游动，甚至是死亡。一些搁浅在海岸上的睡鲨死亡后，一些海鸟前来食用其肉，在食用过后也都无法飞行，摇摇欲坠。这或许是睡鲨保护自身的一种方法吧。

因为这种特性，很多渔民在捕捉到这种睡鲨后也都会将其遗弃。体形庞大的睡鲨也会被渔网困住，在挣扎中死去。虽然一些渔民偶尔可以遇到这种鲨鱼，但是其数量规模还没有一个具体的统计，所以还无法判断其濒危程度。

睡鲨虽然肉质有毒，但还是有一定的利用价值的。一些研究人员试图将其与海藻等废料进行混合，制成生物燃料。可以利用这种生物燃料来取暖、发电，这对格陵兰附近居住的人们来说是一件好事，人们总算可以充分利用睡鲨了。

在睡鲨的身上还有很多谜团等待着人类去揭开，这种神秘的深海生物也不断被人们熟知，相信在不久的将来，人们一定会对其有充分的认识，让睡鲨褪去神秘的外衣，完全展现在人们的眼前。

喜怒交加的杜父鱼

如果说鱼也有喜怒哀乐等情绪，或许很多人都会将其视为笑话。如果鱼真的可以和人类进行交流，那么它或许真的有很多情绪，以现在的水平还不能将其研究到如此深度。但海洋中有一种鱼类，其长相就十分沮丧，好像天生就很悲伤一样，这种忧伤的鱼被人们称之为杜父鱼。

杜父鱼也有很多种，目前已知的就有上百种，我国已掌握的杜父鱼种类并不多。杜父鱼一般也被称为大头鱼，其在淡水和海水中均有分布。正常海水中的杜父鱼并不大，体长在几十厘米左右，淡水中的杜父鱼可能也会达到几十厘米。杜父鱼一般呈圆筒状，鱼体表面并无鱼鳞。杜父鱼的头部相对较大，其两侧鱼鳃发达，正前方的口部很大，且嘴中具有绒毛状牙齿；杜父鱼的胸鳍很大，像两把大扇子，其胸鳍伸展开时末端具有较硬的尖刺；尾鳍相对来说较小，还有一些杜父鱼拥有很大的背鳍。杜父鱼一般体表呈褐色或者灰土色，另有一些体表也会呈银白色及其他颜色，其身上的表皮相对较硬，且具有斑点。杜父鱼皮糙肉厚，大头大眼，看起来有些愚钝。

大西洋中较为常见的杜父鱼分为两种，一种为长角杜父鱼，一种为短角杜父鱼。长角杜父鱼的鱼鳍相对较长，其颜色多种多样；短角杜父鱼一般生活在大西洋较深的一些海域中，一般为褐色，且身上多有斑点，体色复杂，它们均食用一些小鱼小虾以及一些藻类。

太平洋中还生活着一种若鲉杜父鱼，这类杜父鱼属于其家族中体形较大的一种。若鲉杜父鱼的颜色也各不相同，有些呈灰褐色，还有些呈绿色及红色。其背鳍很硬，具有尖刺，其余部分的鱼鳍也具有棘刺，在其眼睛附近还长有尖刺。这类杜父鱼的雌性和雄性可用鱼体的颜色来区分。一般来说，鱼体表面呈红色的一般为雄性，而体表主要呈绿

头部硕大的杜父鱼

色的为雌性。它们会捕食一些小型鱼类，还有海中的一些软体动物。若鲉杜父鱼可以食用，且营养价值较高，每年都会有大量的垂钓者到其生活的海域进行垂钓。

还有一种体形较小的杜父鱼，名为小杜父鱼。这类杜父鱼的体长大约只有十几厘米，和其他杜父鱼相比要小很多。这种小型的杜父鱼在一些浅海区域以及一些河水等淡水区域都有分布，小杜父鱼以水中的浮游生物以及一些水藻为食，由于体形小，所以游动相对较快。在我国的东海、黄海以及渤海等海域都有分布。但由于人类对海岸的不断开发及大量的捕捉导致小杜父鱼的数量一再下降，现在小杜父鱼的数量仍然很少，已经属于一种濒危的鱼类。

杜父鱼的生活环境也各不相同，一些生活在淡水中的杜父鱼喜欢在较为清澈的河流中栖息，它们喜欢在水流较为浅的地方停留，而且偏好于砂石，一般会藏匿在小石块下方及水藻中。每当有昆虫等落入水中时，它们就会迅速从藏匿的地方钻出来，用嘴部将猎物吸入口中。此类杜父鱼在欧洲、亚洲和美洲一些淡水区域中都有分布，其颜色也多为灰褐色，与水底的砂石颜色相近，所以很难被发现。

还有一些杜父鱼生存在较为寒冷的水域中，它们偏向于小石头多的地方，在这里它们经常会逆水而行，张开嘴巴来捕食一些小型的鱼虾。它们有时会在水底保持不动，和周围的石头混为一体，这可以让其更好地捕食猎物。一旦发现猎物，它们就会突然出击，不给猎物逃跑的机会。另外在一些鱼类产卵的季节，它们还会在石缝中快速地穿梭，来寻找其他鱼类所产下的卵，杜父鱼一旦发现便会将其食用，以填饱自己的肚子。

另外一些生活在海洋中的杜父鱼不是很喜欢活动，它们会藏躲在珊瑚礁中，或者藏身于沙土中，只露出两只眼睛。这种喜欢藏匿的杜父鱼并不善于攻击，但它们却是伪装的高手，很多时候，它们会把自己和周围的环境进行比较，一旦发现自己不适合这片区域，它们就会匆匆逃离，再重新选取一个更好的地方。寻找的地点和其自身颜色相当匹配，极不容易被天敌发现，所以即使它们游动得不快，也可以通过这样藏匿的方法来掩盖住自己，从而躲过敌害的猎食。

杜父鱼一般会给人一种丑陋的感觉，它们体表颜色虽然很杂，但一般并无规律可循，另外身上的花纹也不是十分绚丽，所以杜父鱼并不美丽。它们具有的共同点就是头部较大，嘴巴很宽，眼睛较为突出，除此之外，似乎没有更多的特点。有一种生活在深海的杜父鱼，其样子更是丑陋无比，它们的体表通常呈肉色，其表皮十分松弛，表面无鳞，但可释放出很多黏液。这种生活在深海的杜父鱼也被称为"忧伤鱼"，它们的面部看起来很悲伤，巨大的头部上长着两只圆圆的眼睛，像是在一直盯着人类看，另外在头部往下位置处有一个类似大鼻子状的器官，下塌严重，像神话故事中的巫婆的大鼻子。它们通常也被称为变色隐棘杜父鱼，它看起来既忧伤又悲愤，被人类捕捞上来一直处于这种"表情"，如果我们只看其面部，确实有种忧伤悲痛且不屑的感觉，似乎对人类的做法在提出抗议，但又无可奈何，所以呈现出一种忧伤的表情。

其实似乎所有的杜父鱼都有一种极为不满的表情，它们在被捕捞以后，通常鳃部都会隆起，头部因此会显得更大，眼睛一直愤怒地注视着人类，似乎在传递一种不满的情绪。忧伤愤怒的杜父鱼就这样用其丰富的表情在和人类进行交流，但鱼终究是鱼，它怎么会有表情呢？只不过是人类对其特点的一种夸大罢了。忧伤愤怒的杜父鱼还是十分可爱的，它同我们人类一样，也是地球生物中的一种，以后当我们再在海中看到杜父鱼时，希望它们的表情是喜悦而兴奋的。

憨态可掬的翻车鱼

深邃的海水中总是隐藏着数不清的海洋生物，它们不仅形态各异，而且一些生物还会经常做出一些怪异的动作。海洋中存在着这样一种鱼类，它们长相奇特，而且还会到水面上来晒太阳，人们为其起了一个非常有意思的名字——翻车鱼。

初次听到翻车鱼这个名字的人，都会被其名字吸引，当我们对其有些了解之后，就会发现这个名字实在是很贴切。翻车鱼整个鱼身呈扁平状，头部较小，在头部两侧有一双眼睛，眼睛很小，其前方的鱼口也很小；翻车鱼没有腹鳍，其尾鳍很短，并且一些呈花边状，背鳍和臀鳍都很发达；翻车鱼通体呈灰褐色或者银白色，其身体看起来和正常的鱼类有很大的不同，由于尾鳍很短，所以看起来就像未发育完全，像是被拦腰砍断一样。这便形成了它奇特的外形，让人忍俊不禁。

翻车鱼的奇特之处还在于它生长上的特点。翻车鱼幼鱼很小，不到 1 厘米，但在成年之后可以长到 3 米左右，其体重甚至可以达到2000 多千克。这在海洋生物中并不多见，可以说翻车鱼是海洋生物中的生长冠军。

这种形似大碟子一样的怪鱼，性情却十分温顺。翻车鱼的尾鳍很高，当尾鳍露出水面时，会让人联想到鲨鱼，让人感到恐慌。翻车鱼当然不像鲨鱼那样凶猛好斗，虽然它的体形要比很多鲨鱼大，但是其经常捕食一些小鱼小虾，或者是一些水母。翻车鱼在进食时，会用头部将食物抬起，然后再用小嘴将其纳入口中。在翻车鱼家族中有些种类也有不同的形态，有一种名为"长翻车鱼"的身长就比正常的翻车鱼要长很多；另外还有一种叫"矛尾翻车鱼"的翻车鱼，其尾巴如同一根长矛，又长又尖。

翻车鱼在热带海洋中常有分布，它们经常会在水中缓慢地游动，每当夜幕降临时，身上会发出一种光，随着翻车鱼的游动，显得十分美丽。这并不是翻车鱼本身发出的光，而是一些发光的浮游生物在其身边围绕，所以人们还将翻车鱼称为"月亮鱼"，在深色的海洋中放出皎洁的光芒。

憨态可掬的翻车鱼

翻车鱼一般在成年之后，就会游到水面，它们有时在水上一动不动，也许是在接受太阳的照射。一些成年的翻车鱼会将身体平躺于水面，然后依靠尾鳍和背鳍保持平衡，在水面划水。一些人误把其当成是死掉后翻倒在水面的鱼，翻车鱼之名由此而来。翻车鱼并不会长时间在水面平躺，由于体形巨大，所以它每天都需要补充大量的食物来满足自身的需求。它除了吃一些小型生物，还会摄取一些海藻等海洋植物，以便维持自身游动时所需要的能量。而且翻车鱼为了捕食会下潜到几百米的深海，其形态也很适合潜入深水。

当翻车鱼遇到敌人时，它会显得十分灵活，会通过巨大的背鳍和臀鳍向深水中不断下潜，直到敌人放弃为止。为了生存所表现出来的灵活与平时翻车鱼的呆萌形成鲜明的对比，可能对于翻车鱼来说，只有遇到天敌才能让自己痛快地游一次。

翻车鱼因为游动缓慢，所以时常会被人类的渔网捕获。在之前一些国家的海岸，渔民捕捉到小型的翻车鱼时还会将其用线捆绑起来，给孩子当做皮球来玩。但渔民是不会食用翻车鱼的，因为这种翻车鱼属河豚科多骨鱼类，所以很少有人会捕之为食。虽然通过适当的方法可以食用翻车鱼，但人们发现其肉质并不如河豚肉质鲜美。再加上翻车鱼的身体上存在着数十种寄生虫，所以人类极少会捕获其为食。

由于翻车鱼游动缓慢，再加上人类的捕获，所以翻车鱼的数量并不多。它们之所以没有灭绝，可能就是因为其强大的繁殖能力。雌性翻车鱼一次可以产下上亿枚卵，每当繁殖季节到来，雌性翻车鱼就会在海底选择一块合适的沙地，然后用尾鳍和背鳍挖出一个圆坑，在其中产卵。之后雄性的翻车鱼会在卵上释放精子，并且雄性翻车鱼在此期间会一直守护在旁边，直到卵孵化为止。可见雄性翻车鱼还是一位尽职尽责的"好爸爸"。虽然雌性翻车鱼产卵的数量非常多，但并不是所有的卵子都会和精子结合；另外一些孵化出来的幼鱼会被其他一些大型的海洋生物吃掉，一些还会被海洋中的风浪夺去生命，所以能够存活下来的翻车鱼并不多，可以生长到成年的翻车鱼更是少之又少。

另外，关于翻车鱼的死亡也存在很多有意思的说法，这给原本就有趣的翻车鱼又赋予了一种可爱的属性。翻车鱼可能会因为阳光太强而死亡；会因为喝太多的海水而死亡；会因为同伴被杀害导致自己害怕而死亡；会因为怕受到攻击精神紧张而死亡；会因为眼睛中进了水紧张过度而死亡。总之，这种有趣的生物被赋予了众多的死亡方式，而很多死亡的方式听起来让人啼笑皆非。这些都是人们对这种奇特的生物杜撰出来的笑话，谁又知道翻车鱼到底会不会紧张过度呢？

这种会晒太阳、会散发光芒且外表奇特的翻车鱼已经被人类逐渐熟知，并且成为一种呆萌形象的代表。不管怎么说，世界上的每一种生物都有其存在的意义，人类无权干涉其生存，更无权破坏其生存环境，想要更多奇异的生物一直生存在世界上，我们就要对其进行充分的保护。不然很多生物都会像翻车鱼一样平躺在水面上，一动不动！

海洋中的巨兽——鲸鲨

世界上最大的鱼类当数海洋中的鲸鲨，这种海洋中的巨兽身长可以达到 20 余米，体重超过 2 万多吨。鲸鲨这个名字是由两个不同的物种组合而成，其中包括鲨，鲨是鱼类，而鲸则是哺乳动物，鲸鲨属于鲨鱼，并不是鲸鱼，所以我们称其为海洋中最大的鱼类，而不是海洋中最大的生物。

鲸鲨的外形也呈纺锤状，其体长一般都可达到 10 余米，鱼身粗大，且身上有很多斑点；其头部宽大，正前方有一张巨口，口中有细密的小牙齿；它的眼睛较小，在后方有喷水口；鲸鲨具有两个背鳍，前后各一个，位于身体前方的背鳍较大，靠近尾部位置的尾鳍较小，且两个尾鳍都呈三角形；它的胸鳍宽大且长，一般可达数米，用以充分划水；尾鳍同一般鲨鱼尾类似，上部较大，下部较小，呈新月状。

鲸鲨属于滤食性动物，它的牙齿本身并无咀嚼功能，主要以一些浮游生物、藻类、小型的鱼类和虾类为食。鲸鲨在进食时，会张开硕大的口猛吸一口水，然后紧闭嘴巴。在这段期间，水中的浮游生物等就会被鲸鲨排列在鳃和咽喉的皮质鳞突所阻挡，这样这个类似过滤器的器官就会将这些食物保存在口中，剩余的水则被排出。鲸鲨会把口中阻挡的食物吞咽到肚中，巨大的口犹如一个大筛网，可以把任何大于几厘米的物体留住，液体则被通通排出。鲸鲨就是以这种方式来捕食的，这可以为其提供充分的食物来源。它们有时可以通过嗅觉来吸纳海水，通过这种方法可以辨别出哪里存在更多的食物。鲸鲨在确定一个位置之后，基本不需要再向前游动，只是来回上下摆动再加上张开巨口就可以了。

鲸鲨的鱼体一般呈蓝褐色或褐色，身上的斑点更是十分的明显。科学家还证实这种奇特的斑点各不相同，每条鲸鲨鱼体上的斑点都有十分明显的差别，所以科学家也通常会根据其身上的斑点和花纹来判别鲸鲨的数量。

对于鲸鲨的繁殖方面，在很长一段时间内都还处于猜测当中，人们在之前并不清楚鲸鲨到底是以何种方式进行繁殖的。对于鲸鲨胎生或者卵生的想法也都属于推测，并没有足够的证据。直到 20 世纪中期，一些生物学家在墨西哥海岸附近发现了鲸鲨幼鱼的卵壳，所以那时一

最大的鱼类鲸鲨

度确信鲸鲨属于卵生。后来到了20世界末期，我国台湾地区的渔民偶然遇见了一条雌性的鲸鲨，并且在其体内发现了幼鲨和卵壳，这说明鲸鲨是一种卵胎生动物。这才确定鲸鲨具体的繁殖方式。

鲸鲨这种卵胎生的繁殖方式可以确保幼鱼的成活概率，受精卵一直在母体内发育，幼鱼长到几十厘米以后才会离开母体。当然并不是所有的幼鱼都会在同一时间被母体释放出来，因为受精卵的发育时间不同，所以母体会逐渐释放体内的幼鱼。一般鲸鲨在长至30年左右便可以达到性成熟，其寿命可达到百余年。

在20世纪初，人类就曾发现活体鲸鲨样本，其属于母体产下的幼体，仅有30多厘米长。当初相关的研究人员在海岸发现这条小鲸鲨时都十分兴奋，但出于对它的保护又将其放回到海中，希望这样可以为鲸鲨的繁衍提供更多的机会，也希望以此发现更多的鲸鲨群体。

鲸鲨一般生活在热带及亚热带海洋地区，它们的生存地点并不太固定，每年都会进行洄游。雄性鲸鲨一般要比雌性鲸鲨的生存范围广，雌性相对来说生存的区域比较固定。而且它们往往会单独行动，很少被发现聚集在一起，只有在食物众多的海域才会出现鲸鲨群。鲸鲨会为了觅食而巡游到很多附近的沿海区域，如西澳大利亚的珊瑚礁海域、菲律宾海域等海域。另外，人类在一些近海也曾看到过它们的身影，它们有时会浮游在水面上，喷射出极高的水柱。鲸鲨除了在近海和沿海区域有分布，在深海中也有它们的影子，人类曾在水深近1000米处看到过鲸鲨，它们游动缓慢，硕大的胸鳍上下摆动，拖动着庞大的身躯向前游去。

菲律宾附近海域的鲸鲨分布量最大，这里经常可以见到鲸鲨的影子。每年的上半年，鲸鲨都会聚集在菲律宾的浅海区域，很多潜水人员都拍到过它们的身影。

尽管鲸鲨身躯庞大，拥有巨口和紧密的牙齿，但鲸鲨的性情十分温和，并不会攻击人类。一些潜水员在遇到鲸鲨时，会常和它们一起遨游于水中，鲸鲨似乎还喜欢和潜水员一起嬉戏，用它那宽大的胸鳍向潜水员招手。一些鲸鲨偶尔还会把肚皮朝上，让人类为其清理寄生虫，很难想象如此庞然大物也有温柔可爱的一面。很多潜水员在水中遇到鲸鲨时，都会与其进行亲密接触，鲸鲨从来不会动怒，只是缓缓地游动着。

鲸鲨因为体形大，所以在海中几乎没有天敌，但它们的数量却逐年在减少，罪魁祸首就是我们人类。很多人为了利益，为了获取鱼翅等将其残忍杀害。随着人们认知的逐渐提高，法律对其不断进行保护，现在对鲸鲨的捕捞数量也会进行严格的控制，对于那些利用鲸鲨创造商业价值的人更是予以严厉的打击。这种海洋中最大的鱼，只有在人类的保护下才能健康地成长。

美丽的海洋养育着无数种神奇的海洋生物，它们都是和人类共同生存在地球上的朋友。如果有一天，这种庞大的海中巨兽再也不会出现在人们的视野中，那将是一件多么可悲的事情。

脊椎动物祖先——文昌鱼

海洋中之所以生物众多，是因为其存在的时间长，很多生物都是起源于海洋。所以现在海洋中很多物种都可称作是当代的活化石。如现在的鲨、中华鲟等都已在地球上存在很长时间了，被称为化石级生物。海洋中的另一种生物——文昌鱼，也属于一种极为原始的海洋生物，具有很高的研究价值。

文昌鱼保存着古老的形态，它没有骨骼结构，支撑整个鱼体的是贯通全身的脊索，这相当于现在鱼体的骨架。文昌鱼的整体呈半透明状，鱼身较小，一般成熟的文昌鱼只有 4 ~ 5 厘米长。它的两头呈尖状，并没有完全清晰的头部，只能看出大概的轮廓。它的头部位置比尾部更宽些，尾部相对来说较尖。另外，文昌鱼头部并无明显的眼睛，在头部的前端有眼点，名为视觉器，下部口称作"口笠"。在口部处有数十条寇口须，气咽的两侧有垂直的鳃裂。文昌鱼的鳃裂并不是直接和外界相连通的，而是被表面的皮肤和肌肉包裹着，是一种特殊的"围鳃腔"。文昌鱼也具有尾鳍、背鳍和肛前鳍，但是它的鱼鳍并没有实体的骨骼，只是一层皮膜物。它的腹部还存在一个外孔，称为腹孔，用围鳃腔出体外的开口。它的鱼身两侧分布着数十个明显的肌节，这有利于文昌鱼在水中的游动。

文昌鱼一般生活在暖海以及近海一些含沙量较多的海域。正常情况下，文昌鱼会将尾部插入沙砾中，然后把头部和部分鱼身裸露在外面，随着水流的流动而摆动着身体，以水中浮游生物以及一些水藻为食。文昌鱼的这种被动的进食方式也表明其生物本身的低级性，也充分说明其原始性。在夜晚来临时，文昌鱼会开始从沙砾中如箭一般地游出，到水面和其他一些地方觅食，一旦有任何惊动，又会钻入沙砾中。它的游动方式也不像现在鱼类那样灵活，这是因为它的鱼鳍进化并不完全，所以它们会以螺旋形方式进行游动，可能这样更能保证其游动的速度。

文昌鱼的繁殖是依靠围鳃腔两侧内壁上的生殖腺来完成的。文昌鱼达到性成熟之后，雄性文昌鱼性腺内精巢呈白色，而雌性的卵巢呈淡黄色，以此能将雌雄文昌鱼区别开来。卵子在雌性文昌鱼体内发展到一定阶段后，会经过生殖腺外壁出口释放，然后进入围鳃腔，之后在水流的作用下通过腹孔排出。雄性文昌鱼释放精子的过程和雌性相同，精子和卵子在体外进行结合。

海洋活化石文昌鱼

　　在精子和卵子结合成受精卵之后，受精卵逐渐进行分裂，在经过几次的分裂过程以后逐渐形成桑椹胚。桑椹胚再经过一系列的分裂和分化形成囊胚，囊胚之后再分化成原肠胚。原肠胚的细胞结构已经有了明显的变化，已经分成内外两层结构，外部的称为外胚层，内部的称为内胚层。原肠胚在此基础上进行逐步的发育，形成中枢神经，各器官系统也逐渐发育，最后形成神经胚。

　　文昌鱼从受精卵到神经胚这个过程大约会进行 20 多个小时，之后文昌鱼的幼体就会从卵中孵化出来，来到水中进行活动。文昌鱼的幼体身上覆盖着纤毛，此时幼体文昌鱼会浮游在水中，进食一些比自身更小的浮游生物。幼鱼会在发育到一段时间后向海底游动，在那里它们将进行形态的改变。有时幼体文昌鱼还会进入深海区域，在那里幼鱼将在很长一段时间内鱼体结构不发生变化，但体形却变得更大。幼鱼逐渐发育，鱼身也在不断增长，身体的各个结构也开始出现变化，逐渐形成围鳃腔。

　　这种动物虽然小，但又有十分重要的研究价值。文昌鱼属于从低等无脊椎动物到高等脊椎动物过渡的一种动物，是脊椎动物的祖先。文昌鱼的进食和排泄等过程都保留着无脊椎动物的方式，但其呼吸系统、神经系统、血管系统以及繁殖发育过程都有了脊椎动物的样子。

而且文昌鱼还具有动脉弓和肝盲囊，是脊椎动物发育早期的形态，这对于研究脊椎动物的发育和发展尤为重要。

从基因方面来讲，文昌鱼的基因更为简单。它的基因长度大概仅有高等脊椎动物的百分之十几，这对于研究其基因方面也较为容易。文昌鱼作为一种脊索动物，在其发育过程中基因开始加倍，之后出现了头索动物，另外一部分发育成现在的脊椎动物。观察它的基因情况可以深入了解它的基因特征，这对于研究脊椎动物来说具有极为重要的意义。

另外，研究者会将文昌鱼选为研究目标的重要原因就是其具有个体小、产卵数量多、胚胎透明、便于观察等优点。如今，文昌鱼在我国被视为二类重点保护动物，国家开始重视对其的保护和研究，通过对其研究可以揭示一些更为重要的科学原理，这对于人类生物科学的进步有很强的推进作用。

文昌鱼作为珍贵的野生原始海洋生物，其研究价值不容小觑。我国很多省市的沿海地区都可看到其身影，如厦门、烟台、青岛等地的海域都有分布。但随着拦海大坝的建成，文昌鱼的栖息环境遭到了严重的破坏，文昌鱼的数量也在不断变少。对于这种极为珍贵的化石级海洋生物，一定要做到合理的保护，不然人类见到的可能只有其"化石"了。

威风凛凛的虾中霸王

海洋的确是一个巨大的宝库，其中的生物资源尤为丰富，各类奇特的海洋生物让海洋世界充满了神秘的色彩。其中有一类生物在海洋中占据着重要的位置，那就是虾类。这种节肢动物颜色各异、大小不一，就连形状也是千奇百怪。海虾的肉质鲜美，是人类最为喜欢的海产品之一。

　　虾类分属众多，分布广泛，其中虾类中最大的一类就数龙虾了。龙虾因为体形大，又被称为大虾、虾魁、龙头虾等，一般可以生长到几十厘米，一些深海的龙虾体长甚至可以达到一米以上。龙虾整体犹如筒状，其头部硕大，外表有很多花纹，并且外壳十分坚硬。它的腹部相对来说较小，拥有短尾。此外，龙虾还长有很长的触角，在头的前缘还有眼睛，一般在头部下连接腹部的位置上具有两只很大的螯。巨大的螯像是一双大钳子，让人看起来十分霸气。龙虾整个身体都披覆着十分坚硬的铠甲，是虾类中的领头将军。

　　深海龙虾的体形一般更大，它们的体重甚至可以达到十几斤。在深海中，它们往往使用身前的两只大螯来捕食猎物。它们以各种小型鱼类、海胆、螃蟹等为食。另外龙虾属于食腐动物，它们也会食用一些生物的尸体以及同类的尸体。深海龙虾已经拥有很强的低氧生存能力，它们可以在水中长时间生存而无须吸收氧气。

　　龙虾的原产地是中、南美洲和墨西哥东北部地区，其中北美洲龙虾分布最多，大约有 300 余种。我国的龙虾种类相对较少，仅有 4 种，分别是克氏原螯虾、东北螯虾、史氏拟螯虾和朝鲜螯虾。

　　龙虾有雌雄之分。一般来说，同龄的雄性龙虾要比雌性龙虾小；另外雄性龙虾的大螯要比雌性龙虾的螯粗大，而且雄性龙虾大螯上的突棘更为明显。一般龙虾会在 4—7 月份之间进行交配，交配时雌雄两只龙虾会相互交织在一起，整个过程可以达数十分钟。之后雌性龙虾开始抱卵，到了 9 月份左右幼虾开始从卵中孵出，但是其仍然依附在母体的腹部泳足上。一直到第二年春天，幼虾才会开始离开母体，独自生存。

　　在脱离母体后，龙虾幼体会进行蜕皮生长，而且每蜕皮一次，龙虾就会生长一次。龙虾的生长在幼体至成体的这段过程中是较快的，

威武霸气的龙虾

蜕皮次数也较多。在成熟之后，仍会蜕皮，但蜕皮的次数明显减少。在正常情况下，龙虾是可以缓慢不断生长的，一些龙虾甚至可以存活近 100 年。

龙虾的营养价值极高，龙虾肉中含有丰富的蛋白质，这高于海洋中的很多鱼类和其他虾类；它还含有丰富的氨基酸，不仅含有人体所必需的 8 种氨基酸，而且还含有幼儿需要的组氨酸。另外龙虾的脂肪含量极低，比虾类中的很多虾都低；另外龙虾肉质中还含有丰富的矿物成分，其中的钙、镁、磷、钾、钠、铁等含量都十分高；龙虾肉质中的维生素含量也很丰富，其中的维生素 A、维生素 C、维生素 D 的含量都高于很多动物；龙虾肉可以活血化瘀、滋补壮阳，可以提高人体免疫力。另外，龙虾体内含有一种特殊的虾青素，根据科学表明这种虾青素可以抗氧化，在一定程度上具有延缓衰老的作用，现已在化妆品、食品、药品等中广泛利用。

龙虾家族中也存在一些十分罕见的奇特龙虾。2014 年在美国就发现了一只罕见的全身呈深蓝色的龙虾。经过科学家的研究，这只蓝色的龙虾可能是由于基因缺陷导致的，在几百万只龙虾中可能才会出现一只。另外在同一年的日本，还发现了一只雌雄同体的龙虾，这种龙虾也十分罕见，相关研究人员称可能是因为基因信息在交换时出现了错误。此外，美国的渔船还曾捕捉到一只双色的龙虾，这只龙虾的颜色和其他同种类的龙虾明显不同，其头部是完全的褐色，但头部以下的位置，有两种不同的颜色，均匀地把其表面分为两部分，一部分是黄色，一部分是褐色。如此对称的颜色分布在龙虾中还是第一次出现，这只龙虾也因为其奇特的颜色被当地相关的博物馆收藏。

此外在 2013 年的时候，美国的一位潜水员还在海中捕获了一只巨大的龙虾，该龙虾体重大约有 8 千克，其体长将近 1 米。这种超大型的龙虾根据相关专家推测，年龄已超过了 60 岁。随着科学技术的发展，深海龙虾逐渐进入人们的视野，现有捕获的龙虾体重甚至超过了 10 千克，其在深海中大约生存了将近 90 余年。这种体形巨大的龙虾可谓是龙虾中的"巨无霸"，但相关人员表示，这类超大的龙虾并不适合食用，它体内的肉质并没有一般的龙虾鲜美。

深海龙虾这种满身盔甲的生物越来越多地出现在人们的餐桌上，随着人们生活水平的提高，龙虾开始拥有了更为广阔的市场，其商品价值也得到了显著的提升。这种满身铠甲的深海生物得到了更多人的青睐，龙虾饮食也逐渐形成了一种文化。龙虾的营养价值、药用价值也十分高，历来被认为是一种奢侈、富贵的象征。人们在食用美味的同时，还能感受到海洋生物的奇特，这也是海洋生物带给人类的另一种体验。

海中身姿傲慢的杀手

海洋为人类提供着丰富的资源，带来无数的启示，海洋生物更是为人类带来了更多的食物资源，为人类做出了巨大的贡献。一些海洋生物在长期的进化中，拥有极强的攻击性，它们或者拥有庞大的身躯，或者拥有坚硬的外壳，或者可以喷射不明液体。总之，它们为了保护自己，已经进化出了各种适应环境的生存特点。

海洋中的一些生物具有很强的攻击能力，它们或许没有庞大的身躯，也没有锋利的牙齿，但它却能让无数生物无法靠近，它就是水母。水母是我们熟知的一种生物，属于低等的无脊椎动物，它们多数形如雨伞，外表透明，大小也不同，有些只有几厘米，而有些可以达到十几米。水母在其伞状下部分还拥有触须，这些须状的触手有长有短，一些长触须甚至可以达到数十米。

水母的身体中 98% 都是水，所以并不能裸露在阳光下。水母游动时依靠伞状体的推动力向前不断拨水前行，其行动并不是很快，在水中像是一把透明的雨伞在不断游动。水母的颜色也很多，不同种类的水母其颜色也不一样，常见的有蓝色、紫色、白色、黄色、红色等，有的水母体表还具有多种颜色。这些带颜色的水母在水中游动时更加具有欣赏价值，远远望去，它们就像一只只彩色的雨伞在水中不断晃动前进。

据考证，水母是一种极为古老的物种，其出现的时间比恐龙还要早。发展至今成为了地球海洋中最为古老的物种之一。全世界水母的种类大约有 250 多种，它们几乎都生活在海洋中，只有极为个别的可以在淡水中存活。水母在海洋中分布广泛，无论是深海区还是浅海区，都可以见到它们的身影。

水母属于肉食性动物，主要以一些浮游生物或者小鱼为食。水母看似美丽，却极为凶猛。它虽然没有锋利的牙齿，却有带毒的触须。这些触须可以帮助它们进行捕食，每当有合适的猎物靠近时，它们就会迅速伸出触须将其缠绕在一起，然后释放出触须中的毒液，这些毒液足以麻痹这些猎物，让其失去任何抵抗能力。然后水母会用触须将猎物送到自己的口部，分泌出黏液将猎物进行分解，随后成为小块碎片的猎物被水母吸食到胃腔中，然后水母会分泌大量的酶，这些酶会使其碎片得到进一步分解，直到这些营养物质被水母细胞所吸收。

水母又称为海蜇，有些浅海的水母在经过人类一系列的制作后，是可以食用的。人们将捕捉到的海蜇去掉触须部分，用一种特制的"刮子"将水母的触须刮干净，剩下的部分称为蜇皮和蜇足。之后进行腌制，就可以食用了。一般都是将它和黄瓜等蔬菜搭配，制作成爽口的凉菜。

会发光的水母

我们食用的凉拌蜇皮等就是海蜇的一部分，其营养价值也十分丰富，含有丰富的矿物质和蛋白质等，具有清理肠道、化痰止咳等功效，是人们很喜欢的一道凉菜。

水母在遇到敌人时，也会利用触须来释放毒液，从而短暂地麻痹敌人，然后逃之夭夭。有些在海中游玩的游客就会碰到被水母毒液伤害的情况。人们在水中嬉戏游动时，水母会误以为遇到了天敌，所以出于防范就会喷射毒液。人们在碰到这些毒液时，所触碰到的皮肤会出现红肿、隆起小痘等症状，而且很疼，用手触碰此部分会感到阵阵剧痛。这种疼痛大概会持续数个小时，但这只是一般的毒液，并不会危及生命。

不过，也有一些水母会释放出毒性较强的毒液，这类水母对人类的危害极大，如澳大利亚箱形水母。这类水母呈箱形，有四个明显的侧面，而且多数是透明的，拥有数米长的触须，这些触须上带有毒性极强的毒液。箱形水母的攻击性很强，每当有物体靠近时，它便会马上释放出毒液，这些毒液可以让人很快死亡。这种箱形水母被称为是水母中最强的杀手，是世界海洋生物中毒性最强的生物之一。每年都会有人死于箱形水母的触须下，因此澳大利亚每年都会关闭一些海岸，避免这类水母伤人。据研究，这种箱形水母的毒性可以让人产生剧痛，随后在数秒死亡，所以只要被这种水母的毒液触碰到，几乎是无法抢救的，只有等待死亡。在泰国就有这样的例子，有游客前去海边游玩，之后就被这种箱形水母蜇到，最终经抢救无效死亡。

水母作为一种杀伤力极高的海洋生物，一直对人类的活动造成危害。但有一些海洋动物并不惧怕水母，甚至还以之为食。有一种海龟就可以在这些水母的触须中游来游去，而且这些海龟似乎知道它的触须有毒，还将这些触手避开，因为拥有坚硬厚实的外壳，所以海龟并不惧怕这些触手。在海龟的不断撕咬下，这些水母毫无抵抗能力，最

奇特的深海动物资源

终成为海龟的盘中餐。

水母是美丽的，它们使美丽的海洋更加绚丽，它们在深蓝的海水中舞动着优美的身姿，呈现出各种美丽的色彩。水母也是可怕的，它们释放出极强的毒液带走了很多人的生命，它们就像是一个穿着美丽外衣的"杀手"，暗杀着一切危害到它的生物。在其美丽的外表下，藏匿着一颗冰冷的心。但这并不是水母故意而为，它们也是出于防卫才会释放毒液。世界上美丽的生物似乎都有这个特点，其外表越是光鲜美丽，危害性就越大。这或许是它们保护自己的一种方式吧，假如它们毫无抵抗能力又怎能在地球上存活如此长的时间呢。

千姿百态的海底珊瑚

美丽的海底世界是人类一直所向往的，清澈的海水中游弋着各色的海洋生物，它们色彩斑斓，形状各异。其中当然少不了海洋中的珊瑚，它们为海底世界添加了更多的色彩，它们有的形如树枝，有的则如一座城堡，拥有奇异的形状。神秘的海底世界被美丽的珊瑚渲染得更加奇幻，宛如一个童话般的世界。

珊瑚对于今天的人们来说已经很是熟悉了，它们在海底中色彩缤纷、奇形怪状的外观已经牢牢地烙印在人们的脑海中。美丽的景物总是让人难以忘怀，人们对它的喜爱程度不亚于陆地上任何一种美丽的景致。

我们所说的珊瑚，其实是一种生物遗骸或者由其本身堆积而成的一种海洋生物。这种简单的生物统称为珊瑚虫。珊瑚虫本身是一类圆筒状的腔肠动物，主要以浮游生物为食，其食物从口进也从口出，是一种较为低等的海洋生物。珊瑚虫一般群居生活，它们往往会聚集在一起，驻足在那些原珊瑚遗骸堆积物上，它们会通过生殖腺排放出精子和卵子，在海水中结合成受精卵，之后不断发育成水螅型体。珊瑚的生长速度很快，新生的珊瑚会在一段时间后老去，它们的骨骼和遗骸留在原处，在其之上又有新的珊瑚生长，之后又老去被新生珊瑚代替，就这样一代又一代地不断堆积起来，形成我们看到的珊瑚。

珊瑚虫在存活时会分泌一种物质，这种物质也会聚集在其表面，为珊瑚虫起到一个固定的作用。其主要成分是碳酸钙，这种钙质类的物质逐渐堆积，形成一个稳固的底座，珊瑚在其上不断发展、壮大，

美丽的珊瑚群

形成珊瑚群。

珊瑚的外形多样，一般呈树枝状，它的表面具有纵向的条纹，颜色多种多样，在海底形成一道十分亮丽的风景。珊瑚一般会在较为清澈的海底生存，在热带以及亚热带海域水深百余米处的海底岩石上、斜坡上以及较为稳固的海底上都有分布。

现已知的腔肠动物大概有近 1 万种，人们把其分成了三个纲，其中珊瑚虫纲有 6000 余种，所以这也就形成了形态各异、色彩众多的珊瑚。珊瑚只是人们对其种类的一个统称，它的种类众多，石珊瑚就是我们常见的一种珊瑚。石珊瑚在浅水区域和深海区域都有分布，在深度为数千米的海沟也发现了这种石珊瑚。深海石珊瑚的体形较小，且色彩没有其他类的珊瑚那样绚丽；浅海的石珊瑚颜色就很多，且生长速度十分迅速，它们拥有美丽的外形和光鲜的外表，所以很多人把浅海的石珊瑚区称为海底花园。

另外还有一种出名的珊瑚名为红珊瑚。红珊瑚不同于其他类别的珊瑚，其生长速度极为缓慢，而且一般不可再生，是一种十分珍贵的珊瑚。它的颜色红润，色泽艳丽，可做成多种手工饰品，艺术价值相当高，和珍珠、琥珀并称为三大有机宝石。红珊瑚的珍贵还在于其生存的环境很有限，它只在台湾海峡、日本海峡和波罗的海海峡生长分布，其余地方基本上是不存在这种天然的红珊瑚的。所以近些年来，红珊瑚成为一种极为珍贵的艺术品，其商业价值更是达到了很高的地位。

另外还有一种体质较软的珊瑚，被称为软珊瑚。这类珊瑚种类众多，它们通常都是以珊瑚虫或者水螅体在其表面存活摆动形成的。在这类珊瑚的顶部充满水螅体，它们呈圆筒状，被包裹在具有一定硬度的外壳中。它们的冠部通常会呈花朵状，具有触须，可以吸食一些浮游生物。它们在海中群居而生，很多个聚集在一起，在海中像是一朵朵美丽的鲜花。有些软珊瑚通体呈雪白色，在海水轻微的浮动下像是一棵棵挂满雪花的树，甚是绚丽。

如果水质良好，各种环境都适合珊瑚生长的话，珊瑚会逐渐扩大，形成珊瑚群，珊瑚群再逐渐发展，可形成一个珊瑚区。世界上最大的珊瑚礁群就是位于澳大利亚的大堡礁。大堡礁纵贯澳洲的东北沿海，南北方向超过了2000多千米，其中的珊瑚群更是数不胜数。大堡礁自然风光十分美丽，其中的海洋生物种类众多，每年都会有大量的鸟类聚集在此，是十分难得的自然景观。如此庞大的珊瑚群的建筑师就是结构简单的珊瑚虫，通过其一代一代的死亡与更新，形成如此大的规模，也是自然界中为数不多的伟大工程。珊瑚虫如同一个身怀绝技的建筑工程师，建造出浩大瑰丽的珊瑚群。从高空鸟瞰大堡礁，会有一种美得令人窒息的感觉，淡蓝色的海水清澈透明，围绕着整个大堡礁；珊瑚礁岛上绿树成荫，岛上木屋错落有致，白色灯塔高高地屹立在大堡礁中心；人们甚至在高空中就能看清海底的礁石，这种美妙的感觉是大自然赋予人类的一种极为宝贵的自然财富。

会变戏法的海洋生物

乌贼是人们较为熟悉的一种海洋生物，因为可以喷出墨汁，所以也被称为墨鱼、墨斗鱼等，但它并不属于鱼类。它和鱿鱼与章鱼一样，属于海洋软体动物。乌贼的种类众多，形态也不尽相同，在海洋生物中占据着十分重要的位置。

乌贼整体如同一个漏斗，其外部的漏斗其实是一种硬鞘，在硬鞘内是乌贼的各个器官。在硬鞘下方是乌贼的头部，其头部和身体是连在一起的，头部两侧具有眼。头部的下方是腕足，一般乌贼具有十条腕足，其中八条较短，另外两条较长，主要用以捕食和抓取东西。在头部的下方位置还长有口，并且还具有较为锋利的角质颚，用来撕咬猎物。另外乌贼的身体两侧还具有鳍，可以保证它在运动时处于平衡状态。乌贼在前进时会利用反推作用进行游动。

乌贼的身体和头部如同一个倒置的袋子，用以保护身体内的各个器官。因为乌贼的头部位于躯干的下方，所以通常认为乌贼头部的一端为前，躯干的末端为后；把拥有漏斗的一侧看成是腹部，另一侧则为背部。这种规定在科学上是不够准确的，但是为了观察说明更方便，通常都会应用这种定位方法。

乌贼属于一种较为原始的海洋生物，其存在的前身是 2100 万年前中世纪的箭石类生物。乌贼在捕食时会充分利用腕，因为在它的腕上具有带有吸力的吸盘，两条很长的腕十分灵活，在末端还拥有口状物，会吸住猎物，然后将其抓取至腕中，这时猎物一定会挣扎，但此时的另外腕就会使用腕上的吸盘来吸住猎物，让其无法动弹。等到猎物丧失活动能力以后，乌贼就会利用头顶部的口将其撕碎纳入口中。

乌贼平时游动较为缓慢，但一旦遇到突发情况，乌贼就会立即启动超速模式，把敌人远远地落在身后。有些乌贼在水中的速度甚至达到了每小时 150 千米，所以即使乌贼的天敌很多，但由于速度快，并不是所有的生物都可以捕捉到它。另外，乌贼还有一个看家本领，那就是喷射墨汁，当乌贼无法脱身时，就会采取这种方式来丧失敌人的视野，让其陷入黑色的海水中，这样乌贼就可以逃脱了。乌贼的体内拥有一个墨囊，其中储存着大量的墨汁，每当遇到棘手的情况时，乌贼就会采取这种方式逃之夭夭。

另外，乌贼还拥有一个特殊的功能，就是"隐身术"。之所以称之为隐身术，是因为它确实有隐身的功能。乌贼的表皮细胞具有识别颜色的功能，其中包含着很多种颜色，每当遇到敌害时，它可以在很短的时间内做出反应，调整色素囊的大小来改变自身的颜色。乌贼通

深/海

Deep Sea

会喷墨汁的乌贼

过这种方式可以使自身与附近的颜色一致，用以迷惑敌人，不被其捕食。例如，在深色的珊瑚礁中，乌贼的体色就会变成深色，和珊瑚礁混为一体；在浅色的海底沙地中，它的细胞又会做出很快的变化，使身体变成浅色，和沙砾化为同物。

乌贼的种类众多，其中一种名为大王乌贼的巨型乌贼是同种类中的霸主。它的体长可达数米，体重可达数百千克，如此大的乌贼具有十分强大的攻击能力。一些渔民近些年来就曾捕捉到体形巨大的乌贼，这类乌贼在水中游动的模样给人很强的冲击，在视觉上会给人一种强烈的恐怖感。2014 年，日本相关生物学专家进行深度潜水时就曾发现到了这种大王乌贼，他们跟踪这个巨大的怪物，一直到达 900 余米深处的海域，一直到这只大王乌贼消失在视野中。根据后来的照片显示，这只巨大的大王乌贼体长大概超过了 8 米，身上闪闪发光，两只大眼睛也清晰可见。如此大的乌贼就连体形庞大的鲸鱼也要对其礼让三分。一些科学家甚至发现大王乌贼敢于攻击一些鲸鱼，可见其威力。

乌贼属雌雄异体，每当到了繁殖的季节，雄性乌贼就会寻找雌性乌贼进行交配。雄性乌贼和雌性乌贼是很难区分的，我们可以通过乌贼腕上的吸盘来确定其雌雄。一般来讲，雄性乌贼第五条腕上中间位置的吸盘已经退化，形成生殖腕，也称茎化腕。交配时乌贼会将生殖腕插入雌性的外套腔，将精子释放在雌性乌贼的体内。之后精子和卵子在雌性乌贼的外套腔内结合成受精卵。雌性此时就会将受精卵排出体外，每个受精卵大约呈圆形，直径约为 1 厘米，雌性乌贼将其产在一起，受精卵聚集在一起像是一串串的葡萄。

很多沿海的渔民熟知乌贼的繁殖特点，他们知道乌贼喜欢把卵产在海藻或者水中漂浮的物体上，所以渔民就把一些树枝状的东西散落在水面，等乌贼到了繁殖的季节就会成群结对地来此进行产卵，渔民便可将其全部收入网中。

有一种母性意识很强的乌贼，名为玛瑙乌贼，这是世界上发现的唯一一种会照顾后代的乌贼。它们在产下受精卵之后，就会一直守护在受精卵旁，孵化期的过程会持续半年以上。在这段时间里，此种乌贼会一动不动地守护在卵旁，而且不会进食。等到受精卵孵化以后，它才算完成了任务，但由于长时间不进食，这种乌贼往往都会死去。

乌贼这种海洋中奇特的生物，不仅拥有十条腕，而且还会喷墨汁，还懂"易容术"，确实是一种不多见的奇异海洋生物。它所表现出的抵御外敌的本领十分高明，从这点来看是要高于很多海洋生物的，乌贼不仅体现在其"乌"上，而且更多地体现在其"贼"上。

深／海

Deep Sea

蒙特瑞海底的光斑

蒙特瑞海位于太平洋海岸，在旧金山湾的南方。在这片湛蓝、幽静的深海海底，有一条狭长而深邃的峡谷——蒙特瑞海底峡谷，由于海底峡谷处于 100 米以下的深海，因而这里一片漆黑，见不到一点阳光。不过，在这幽深的峡谷之中，却闪烁着零星光点，好像寂静的夜空睁开了眼睛。

这些"光点"源自一种名叫鮟鱇的鱼，人们也叫它结巴鱼、蛤蟆鱼。鮟鱇之所以能够发出亮光，是因为它的头部有一个形似小灯笼的"肉球"，它沿着鮟鱇背鳍逐渐向上延伸，垂挂在鮟鱇的嘴部上方。这个"小灯笼"体内具有腺细胞，能够分泌光素，在光素酶的催化下，与氧进行氧化作用，就像点亮了的灯笼。

不过，鮟鱇悬挂头顶的"灯笼"并不是指路明灯，而是引诱食物的利器。鮟鱇胃口很大，它生长在峡谷深处，为了能够饱餐一顿，"小灯笼"就成了它觅食的重要工具。在伸手不见五指的峡谷，放眼望去除了星星之光别无他物。一群迷途的小鱼正不知去往何处，忽然它们瞧见远处闪烁光芒，便成群结队地朝亮光游去。殊不知，一场厄运已经降临。

当迷途的鱼群游到峡谷深处，与亮光越来越近，一个藏匿在黑暗中的杀手，张开血盆大口，等待食物自投罗网。鱼群游到光点附近，就会被鮟鱇一口吞掉，只有少数小鱼，才能躲过鮟鱇的追捕。

有人称鮟鱇是海底最丑的鱼，由于它长着血盆大口，样子十分骇人，所以人们也叫它"魔鬼鱼"，因此它也成为影片中"负面人物"的首选。2003 年上映的美国电影动画片，《海底总动员》给人们留下了深刻的印象。电影讲述了小丑鱼尼莫被人类抓走后，它的父亲马林为寻找儿子，历经千难万险，最终来到悉尼，解救了尼莫并一家团圆的幸福故事。不过，在影片中担任负面主角的，除了体形巨大、凶狠残暴的大白鲨，还有躲在幽暗深谷的鮟鱇。小丑鱼马林险些被鮟鱇吞没的桥段，令许多观众为之捏了一把汗。

鮟鱇长得十分怪异，它身体的前半部分呈圆盘形，尾部呈柱形，一般身长半米左右。与其他鱼类不同的是，鮟鱇生活在幽暗无光的峡谷，它的两只眼睛长在头顶，一张血盆大口和自己的身体一样宽，嘴里还有两排尖锐、锋利的牙齿，这也是它狩猎的重要武器。它的腹鳍长在喉头，胸鳍长在体侧，酷似灯笼的鳍刺则长在头顶。鮟鱇身体柔若无骨，也没有鱼鳞，它的后背呈褐色，肚子为灰白色，头以及身体边缘有许多皮质突起。它的背鳍、胸鳍、臀鳍都呈深褐色。

它有两个背鳍，与一般鱼不同的是，它的第一背鳍由 5 ~ 6 根独立分离的鳍棘组成，前两根位于背部；第二背鳍和臀鳍都在尾部。它

奇怪的鮟鱇

的胸鳍很宽，好像两把团扇，有助于身体滑行。它的腹鳍较为短小，在咽喉处。

由于在深海中不大能遇到猎物，所以鮟鱇十分"懒惰"，它很少游动，只能利用像手臂一样的腹鳍贴着海底爬行。因此它很少有机会捕鱼，为了能够适应海底的环境，它的背鳍也发生了一些演变。第一个逐渐向头部延伸，背鳍的前三枚鳍棘还悬挂一个发光的肉球，这也是它捕鱼的利器。

可别小瞧它，鮟鱇非常聪明，它还有一身惊人的本领——"易容术"。鮟鱇奇丑无比，有些鮟鱇身上还披着穗子，俨然一副海藻模样，令敌人和猎物难辨真假。它们在海底匍匐前行，靠头顶的"小灯笼"吸引猎物，真假难辨的伪装让它们坐享其成。不过，闪烁的光亮也会为它惹来杀身之祸。当敌人靠近时，鮟鱇就会另使一套手腕，它会快速把"小灯笼"吞进嘴里，趁着一片漆黑，逃之夭夭。

当然，鮟鱇中也并非所有鱼都有这样有趣的"小灯笼"，雄性就没有。一般雌鱼能有半米之大，而雄鱼只有它的六分之一。鮟鱇的婚配也与众不同，它们不好游动，所以在辽阔的深海处，雄鱼和雌鱼很难相遇。一旦遇见雌鱼，雄鱼就会一口咬破雌鱼的腹部，然后钻进去，将自己化作营养供给雌鱼。这样绝无仅有的婚配方式，着实叫人大开眼界。

鮟鱇的繁衍行为也十分有趣。雄鱼、雌鱼会把体内的精子、卵子排出结合，随后受精卵会上浮到水面，数天以后，它会自己沉落海底，直到孵化出小鮟鱇。不过在澳大利亚生活的鮟鱇有另一种交配方式，交尾后一条鱼会全程守护受精卵，直到它们孵化成鱼。

Part 4

隐藏在深处的海底矿产

海洋就像是一个聚宝盆一样，将各种宝贝藏在海底、煤矿、砂矿、锰结核、磷钙石、富钴结壳……亿万年后的今天，这些宝藏终于重见天日，随着人类不断对其探索与开发，这些巨大的矿产资源正在造福着人类，成为人类赖以生存的基础能源。海洋是孕育生命的母球，它见证了地球生命的起源。

海底宝藏：海底矿产资源

有人说地球就像是一个聚宝盆，在几十亿年的漫长岁月中积累了丰富的资源，那埋藏在地底的动物残骸在岁月的打磨下变成了石油资源。陆地上的植物在一次次大灾难中被埋于地下，经过复杂的成煤过程形成了煤炭资源。这些资源深埋于地下或海底直到近几百年才被人类大幅度利用。

人们行驶在浩渺的大海上时，总会希望自己有一双能够穿透一切的双眼，不仅可以破开迷雾看到海天之际的尽头，还能深入海底，看看海中的世界。海底究竟有什么？除了那光怪陆离、绚烂多姿的海底生物，是否有人们值得探索的存在？自从人类进入了工业化的时代，煤炭资源成了机器动力的来源，人们惊喜地发现，除了陆地上有丰富的煤炭资源，海中也蕴藏着数量庞大的煤炭资源，只是一直没有被人发现。其实，煤炭资源仅仅是海底矿产资源很小的一部分，在海洋中还有丰富的石油、天然气、矿砂等资源。

人类至今已经在地球上发现了百余种元素，在海底的元素就多达80余种，其中60余种可以直接被提取利用。在过去的几十亿年中，海陆之间的关系不断变化，相互之间既有联系，又有些不同。在对陆地和海洋矿产资源的考察中来看，它们所拥有的资源有很大一部分是相同的，而且一些研究人员声称海洋中几乎有陆地上有的各种资源，而且还有陆地上没有的一些资源。

煤、铁资源是人们生活中最常用到的资源，日本海底有着巨大的煤炭资源，日本人建立了很多大型煤矿，煤炭的开采量占据了其总产量的30%；英国、加拿大、土耳其也是煤炭开采大国。海滨的沉积物是海洋留给人类的重要宝物，在沉积物中埋藏着许多重要的矿物。例如：金红石是用作火箭推进器的重要燃料；独居石是用来制造火箭、飞机的外壳主要原料；耐高温、耐腐蚀的锆铁矿、锆英石经常被用在核反应堆中。这些丰富的多金属结核，据估计其含量大约为 3 万亿吨，其中锰的产量可供全世界用 18000 年，镍可用 25000 年。

石油和天然气是海底资源的重要组成部分，人类对庞大的石油资源的储存量做了估计。因为人们很担心一段漫长的岁月过去后，石油资源会不会枯竭，或是被耗尽。经过考察和估计，研究人员认为，现今世界上的石油储存量约为 1 万亿吨，其中可以开采的大约占三分之一。在这三分之一中，海底可开采的石油资源就占了将近一半。这个发现让人们放下心来，起码人类在很长一段时间内都可以不因资源短缺而发愁，在这段时间内，有充分的时间去开发新的能源。天然气可以用来制造各种燃料，据专家统计，世界天然气的储量在 255 亿~ 280 亿立方米，其中海洋储量约占 140 亿立方米。

船舶开采矿井作业

可燃冰是一种被称为天然气水合物的新型矿物，其能量密度高，杂质少，燃烧后几乎无污染，是燃料很好的代替能源。在 20 世纪日本、苏联、美国均已发现大面积的可燃冰分布区。我国也在南海和东海发现了可燃冰。据估计，全球可燃冰的储量是现有石油天然气储量的两倍。

这些庞大的资源的分布并不是很均匀，海洋矿产资源基本上集中在洋壳表面，矿产资源呈垂直分布。地心中积累了大量铁、镍资源，地幔中的主要矿产资源为铁、镁。但是就人类目前的技术而言，最深的矿井只能达到 4000 米，最深的钻井约为 10000 米，仅仅能对地壳的资源进行开采。另外矿产资源水平分布也不是很均匀，世界上的大部分矿产只集中在个别的国家，并不是所有的国家都有丰富的矿产资源。

虽然矿产资源数量庞大，但是矿产资源有一个特点：对于人类社会的发展而言，矿产资源是不能够再生的。有些矿产资源已经随着社会不断的发展、生产的需求而逐渐减少，甚至枯竭了。早在两千多年前，强大的罗马帝国为了使得自己的军队更强大，它们需要利用金属制成的各种武器装备，铜、铁、锡是罗马人主要开采的对象。希腊有着丰富的银、铅资源，当希腊人发现这一宝贵的资源后立马像一只饿狼一样，大肆地吞噬着这些极其珍贵的资源。由于对资源开采的不节制，一段时间以后，这些已经发现的或大或小的矿地都被开采一空，在没有发现新的矿产资源之前，地中海、欧洲一带陷入了紧张。贵族的金银器具少了；国家间战争用的金属武器制造困难；百姓生活中用的铁制品的成本越来越高……

英国的面积相对于整个欧洲来说并不是很大，但是就是这样一个国家却在 16 世纪的时候，打败了西班牙，成为了海上军事强国，很多人都认为战争的胜利很大程度上取决于英国人的战术得当、船坚炮利，可是当你知道英国有着丰富的矿产资源为战争提供了充分的物质基础时，也许你会改变这一想法。18世纪末英国率先开始了一场世界风暴——工业革命，除了有当时社会的科技发展程度，矿产资源为工业革命的进行提供了强大的后盾。据统计，19世纪的英国，铅的产量占据了当时世界的一半，铜产量占据45%，最少的铁的开采量也占据了30%。但是工业革命后的几百年间，轰隆的工厂机器、一列列开向远方的列车、穿梭在各大洋的蒸汽动力的轮船将这些资源逐渐耗尽，在英国的本土上，很多矿床都已经被开采殆尽。矿产资源枯竭敲起的警钟应该引起人类的注意了。

深埋在海底的煤矿

在所有的矿产资源中，煤炭是人类较早接触到的矿产资源之一，煤炭最初被人类用来取暖。除了生活在赤道等不知道寒冷为何物的人们，世界上大部分国家和地区的人们都知道冬天的寒冷，早先的人们找来枯柴、落叶等用于取暖，也有发达的一些地区已经懂得开采煤炭资源。

1271年，马可·波罗一路翻山越岭来到了当时的中国，元世祖忽必烈热情地招待了他。等到冬天了他发现了一个奇怪的现象，生活在大都的人们家家户户都用一种闪闪发亮的"乌金"取暖，马可·波罗在自己的家乡从来没有见过这种东西，因此十分惊奇。等到回到自己的家乡后，他对人们说了这件事，大家都感到十分惊奇，这小小的煤炭在当时的意大利还不曾被发现呢。

18世纪末，英国发明家詹姆斯·瓦特发明了早期的工业蒸汽机，蒸汽机以煤炭为动力，能够代替传统的劳动力。但是早期的蒸汽机效率低下，并不能改变英国以手工劳动力为主的现象。18世纪60年代以后，英国具备了工业革命的条件，大量机器被制造出来，煤矿热闹起来了，一批批乌光闪闪的煤块从矿山、海边被开采出来运送到工厂。到处是煤炭工人们忙碌的身影。

到 20 世纪，英国已经形成了庞大的煤炭产业。其海底煤矿大多数集中在苏格兰和英格兰交界地带的纽卡斯尔市周围以及达勒姆郡东北部和诺森伯兰郡东南部的浅海地区。为了能够更好地对煤炭资源进行开采，英国商人建立了一些大的煤炭公司。英国煤炭联合公司就是一家致力于将煤炭开采事业发扬光大的一家公司。它雇用了 12500 多名工人，分布在 7 大煤矿，其中很多煤矿都在海边。英国人相信，向着海洋进发，能够获得更多的煤炭资源。于是 1958—1965 年，英国煤炭局率先做出了表率，实施了一项浅海勘探计划，以寻煤炭资源。经过探测，他们发现在离海岸 35 千米的地方近海有着丰富的优质煤炭资源。英国人开始了对这片海域煤炭资源的开发。英国人为自己的煤炭资源感到骄傲，他们将每一次开发新的海底煤田的过程都视作是一场探宝旅行。

1980 年，英国人已经拥有了 14 个大型海底煤田。在距离诺森伯兰海岸 14 千米的地方，探测人员发现了一个储存量大约为 15 亿吨的大型海底煤田。更多的采矿工人加入到了煤炭开采的行列，可以说当时的海底煤田是很大一部分工人的衣食父母，有些工人从青年时期开始就与煤炭打交道，直到再也背不动一麻袋煤块，只能在岸边望着那一位位年轻的挥洒着汗水的小伙子发呆，追忆着他们自己的岁月。

加拿大也是一个煤炭开采大国，其煤炭资源十分丰富，主要集中在新斯科舍布雷顿角岛东部地区，仅莫林地区煤储量就达 20 亿吨。加拿大对于海底煤矿的大量开采从 19 世界后期就开始了。到第二次世界大战期间，由于对燃料需求的增加，人们不得不加快了开采海底煤炭的步伐。战争过后，人们用不了那么多煤炭资源，煤炭产业一度陷入低迷状态。很多煤炭工人下岗去寻求别的生计，为了刺激煤炭产

海中"油田"

业发展，1967 年，加拿大成立了布雷顿煤炭公司，将煤炭资源整合到一起，煤炭行业开始恢复往日的生机。据统计，灵根、法伦、普林斯三大煤矿基地的产量逐年增长，大批先前从事煤炭行业的工人很快重操旧业，煤炭行业又一次热闹了起来。

　　虽然我国是煤炭资源利用大国，并且在很早就对煤炭资源进行了开发。但是由于整个中国的近代史都在多灾多难中度过，海底的煤炭资源一直没有得到利用。直到 1990 年，龙口矿务局、山东矿院特采所、北京煤炭科学院等多方力量才在龙井市东北约 5000 千米的地方打下了第一口海底煤田探井，并且测得煤炭储存量为 12.9 亿吨。我国的陆地煤炭资源十分丰富，海底煤炭资源的探测无疑为寻找煤炭资源提供了新的方向。

深海奇宝：锰结核

在深海，大约在 4000 ～ 6000 米的地方分布着一种神奇的矿物——锰结核。锰结核并不是由单一的锰元素组成，镍、铜、钴等 70 余种元素都是它的重要组成部分，所以锰结核又被称为多金属结核。如果你在深海中发现一块奇形怪状的石头，它可能像是一颗黑色的诱人的葡萄，也可能像一块在炭火中被烧得黑黑的马铃薯，或者你认为它根本就是一块炉渣，但是遥远的深海又怎么会出现炉渣呢？它就是锰结核，是大洋底下最大的"金娃娃"。

说它"大"是因为海底锰结核的数量巨大。根据研究人员估算，仅仅把太平洋的锰结核开采出来，锰的储存量可以供人们使用 1.8 万年，镍可用 2.5 万年，钴则可用 34 万年，铜可用 900 多年。更令人们惊喜的是，锰结核在被开采的同时还在不断地增长，单从这一点上来看，相对于石油、天然气等资源来说，锰结核有着更重要的价值。

对于锰结核的来源，人们一直争执不断。根据海陆的关系来说，一些人们认为锰结核来自于陆地上的含有铁、锰等元素的岩石，后来随着河流进入到了海洋。也有人说，海底活跃着一些火山，这些地方也往往是地震频发的地方，在过去的漫长岁月中，含有铁、锰等元素的熔融岩浆不时喷发，在海底不断堆积，经过复杂的过程形成了锰结核。还有人说，生物才是海洋的主宰，它们身体中含有许多金属元素，当不断有生物死亡后，它们的身体被分解，其中的金属元素成了锰结核重要的组成来源。地球从遥远的地方来到现在的轨道生存，在漫长的日子里，常常会有从宇宙深处来的陨石等宇宙物质的拜访，这些天外来客本身含有很多金属元素，在冲撞大气层的过程中不断崩溃、瓦解，散落碎片随风飘扬到了海中，沉积下来，也可能形成锰结核。就算是地球躲过了陨石、小行星的撞击，来自于宇宙的尘埃也会飘飘洒洒落到海洋上，宇宙尘埃富含金属元素，同样也可成长为锰结核。

不仅对锰结核的来源人们各执一词，而且锰结核形成的原因也是扑朔迷离。一般认为，上述沉在海底的沉积物，以带极性的分子形式，在电子引力作用下，以其他物体的细小颗粒为核，不断聚集而成。然而这个理论本身有很多地方自己都难圆其说，更别提让更多的人信服。所以对于锰结核的成因，只有等待未来的人们来解答了。

英国是较早加入海洋探索的国家，英国人建造的"挑战者"号海洋考察船经常出没于世界各大洋，探测海水的深度，探取海底物质的成分。19世纪70年代，英国国内正在经历着工业革命的浪潮，在海洋探索

深海锰结核

上，英国人驾驶着"挑战者"号在海上进行了为期3年的海洋考察。这次海洋考察收获不小，最有趣的是人们发现了一种黑不溜秋的像是瘤子一样的石块，小的只有毫米大小，就像是炉火燃烧过后的碎渣；大的有几十厘米大，这时才清楚了它的真正面貌。说它是普通的石头，它却比一般的石头更有光泽和质感。令人们奇怪的是，这种石头不是在一个海洋有分布，在世界其他大洋中也有。人们把从各大洋中收集来的这种石头拿到实验室去分析，才得知这种石头的主要成分是锰，于是人们叫它"锰矿瘤"，后来又发现它和患结核病人的结核很像，于是便有了锰结核这一名称。

英国人成功发现锰结核后引起了世界上许多国家的关注，美国是其中之一。美国濒临太平洋，美国人认为太平洋中一定有很多锰结核

存在，于是成立了海洋考察队向大海进发了。果然，不久后他们便在夏威夷附近发现了一块重达 57 千克的锰结核，这块锰结核当即成了科学家研究的对象。人们继续对太平洋进行探索，但是没有发现更大的锰结核。有一次海洋学会的一条水下电缆发生了故障，当检修人员修复电缆时，在海水中发现了一块很大的黑色石头，有经验的检修人员认出它是人们苦苦寻找的锰结核，并提议将其搬上去。但是对大多数人来说，这就是一块重 200 多斤的石头而已，搬上去的话会很费劲。无奈，提议的那位检修人员只好找来一张纸画了个大概，就将其丢到海水中去了。研究人员知道这件事后很是气愤，但也没有办法，很长一段时间，人们再也没能找到这样大的锰结核。

第二次世界大战之前，人们对海洋的探索十分有限，对于发现的锰结核也不那么重视，并且当时的技术条件有限，在海底打捞锰结核是一件十分费力的事。即使有的锰结核中锰的含量竟然达到了一半，但是对于锰元素充足的陆地上来说，就算是更高的含量也难以引起人们的注意。直到战争过后，世界经济不断恢复，对锰钢的需求进一步增加，陆上的资源开发有限，人们这才想起埋藏许久的海底锰结核。于是美国、苏联、法国、日本等国家又开始活跃在各大洋上，尤其对就近的海洋加大了探索力度，想要将海底的锰结核弄出来。到 20 世纪 80 年代，美国、日本、德国等国的矿产企业组成了大型跨国公司，进行锰结核的开采。中国从 20 世纪 70 年代起也加入到锰结核的勘探中，逐渐积累了丰富的勘探经验。

"烟囱"中冒出的宝贝：热液矿

自从 1972 年美国海洋地质学家罗纳确认在大西洋中脊处有热液活动，人们对神秘的海洋又多了一份了解。在随后的短短几十年中，科学家们对这种热矿液十分好奇，因为它不仅仅是可以供人们开发利用的海底矿产资源，而且就矿液生存的环境来说，很可能为我们揭开生命的起源。

红海是一片神奇的海洋，每到炎炎夏日，近海的一片红色海藻开始大量繁衍，海水变成红色，再加上落日的余晖落入水中，使人们仿佛看到了末日的景象。人们迷恋红海红色的海水，同时因其温度高、盐度大，一直广有盛名。但是很少有人知道，在红海海底有着一处存满矿藏的海底宝藏。

1979 年，处于冷战时期的苏联科学家看到美国接二连三地发现热液活动，仿佛是有点不甘心，决定下海去一探究竟，看是不是美国人散布的谎言。美国人大多时只在自己的家门口太平洋进行探测，苏联人认为如果这种海底矿液真的存在，那么在世界上最具特色的海洋——红海中找到这种热矿液才更有说服力。于是苏联人驾驶着自己建造的"双鱼座"号深潜器开始在红海海底探索。

一路下潜，畅通无阻，他们也没有见到有什么热矿液在流动，当潜水器下到 2000 米的深度时，忽然测深仪显示探测器已经接近海底。船上的人们透过窗子借助探测器的灯光向窗外看去，下面是灰黄色的泥土一样的东西，考察队员认为这里估计很难发现热矿液的存在了，准备着底再探查一番，于是让驾驶员继续向下潜去。可是这灰黄色的泥土就像是会动一般，突然四散开来将探测器紧紧包围，探测器并没有着底，还在下潜，就像是一个在泥潭中挣扎的巨人越陷越深。窗外已是一片浑浊，能见度只有半米，探测器上的人都惊慌起来，这是什么状况，海底怎么还别有洞天，一些恐怖的画面浮现在考察人员的脑海中。驾驶员正准备要将探测器向上升，忽然测深仪的数字显示，这时距海底的深度还有 40 多米，人们大感奇怪，在确定了安全之后，考察人员一致决定要继续下潜，看看海底到底有什么。但是他们惊奇地发现，这些浑浊的液体仿佛具有很大的密度，即使探测器开足了马力依然无法下潜，考察人员只好苦笑着自言自语："原来潜水也不是一件容易的事。"在尝试了几次没有办法后，只好放弃了继续下潜的想法。突然一个想法闪现在人们的脑海，这会不会就是热矿液？人们急忙取得了一些液体带了回去进行分析，得到的结果与美国等国家公布的结果相同。苏联人这才相信热矿液真的存在。

海底热液矿

美国人对苏联人在红海的探测嗤之以鼻，认为自己在热矿液的探索方面早已习以为常，苏联人却大惊小怪。也就在同一年，美国人和法国人乘坐"西安纳"号探测器在东太平洋洋隆又一次发现了热矿液。美国人还自己组织了下潜探测活动，乘坐"阿尔文"号在太平洋海底进行考察。当探测器下降到距海面约 2700 米的海岭上时，发现这些海岭仿佛是刚刚经历了一场大难一般，一股股"黑烟"和"白烟"

不断从一个个"烟囱"中冒出。在"烟囱"的周围堆积着各种各样块状金属硫化物。经过检测，这些热水富含铁、锌、铅、铜、银和金等多种元素。这样大规模的热矿液还是第一次发现，后来人们将其命名为"黑烟囱"。

随着人们不断地去寻找这些热矿液，至今在全球的海洋中，人们已经发现了160余处热矿液活动区。冒着黑烟、白烟、黄烟的各色烟囱达300多个，其中一些有着十分重要的工业价值，主要分布在一些国家的专属经济区以及国际海底区域。储存量也十分巨大，少则200万吨，多则1000万吨，若是能够利用好这一矿产资源，一定能造福人类。

在人们没有发现热矿液之前，人们将生命的起源归功于在阳光明媚的海域，氨基酸的形成。但当发现在热液口生活着大量生物，以热液细菌为食时，人们仿佛看到了生命最初的形式——简单的食物链，简单的生物环境。于是人们认为地球上存在两种大洋：一种是生活在阳光下，以浮游生物为初级生产力的"蓝色大洋"；另一种是在暗无天日的深海中，以热液细菌为初级生产力，主要通过微生物进行化学合成作用来生活的"黑色大洋"。

科学家们对于这种没有阳光并且氧气极其稀少、水压也非常大的生物环境仍然能够孕育出生命感到十分不解，至今对于这些生物的起源也没有一个很好的解释。一些学者认为，在海底也有一个类似太阳的生存环境，从海底火山中喷发出来的热水将附近岩石中的矿物质溶解后，在一定条件下形成了硫化物，成为了微生物重要的食物来源。同时，硫化物与海底的二氧化碳和氧结合形成一种化学能源，保证微生物能够正常生长。也许在"黑色大洋"中有一套完整的生物体系，只是从人类的角度来看，很难理解罢了。对此，美国科学家托马斯·戈尔德就提出了一种"地下生物圈假说"，他认为地下由微生物组成的世界同样精彩，它们不需要阳光和氧气就可以生存，生活在热矿液口处的微生物群落就是这样的存在。

虽然戈尔德的"地下生物圈假说"还需进一步证实，但热矿液及其周围生物群落的发现为我们探究生命的起源提供了一条新的途径。说不定，在遥远的外太空就有这样的生命形式存在，只不过比现在看到的高级罢了。

深海"黑金山"：富钴结壳

深蓝色的海洋中蕴藏着无穷宝藏：在水深 5000 米的地方能够捡到多金属结核；在水深 2000 多米的地方能够发现冒着滚滚浓烟的各色烟囱；在水体较浅，大约 800 ~ 3000 米的地方，可以发现富钴结壳。

富钴结壳中含有 20 多种元素，其中锰、铁、钴的含量最高。在命名时有人说锰元素那么高，不如就叫锰结壳吧，但已经有锰结核存在了，两者就差一个字，很容易混淆。不是铁元素的含量也很高吗，不如就叫铁锰结核。强调钴元素含量的学者不干了，他们认为，即使铁、锰的含量再高，那在陆地上也是一抓一大把，并没有什么稀奇的，反而是其中含有的钴元素，比陆地上高出 1 ~ 2 个数量级，所以该石头应该跟"钴"姓，就叫钴结壳好了。人们很赞同这一提议，并且认为既然为了强调其中钴的含量，不如就叫富钴结壳，既大气又名副其实。就这样，一块名不见经传的石块先前还默默地躺在由黑色玄武岩组成的海洋的怀抱中，下一刻已经到了研究人员的手中，被仔细地欣赏起来。

研究人员对着这块肾状、瘤状或树枝状一样的石块着了迷。在研究人员看来，这是比金子还贵重的矿物。金子质地较纯，被提炼出来放在高端的柜台中吸引着过往的路人驻足观赏，而对于这么一块乌漆嘛黑的石头，放在大路上都不一定能引起人们的注意，但是在富钴结壳朴实的外表下，隐藏的是那众多的有用元素，甚至还含有金元素，这让金矿石自愧不如，因此就某种意义而言，富钴结壳的价值比金大得多。人们为它取了一个更好听的名字——"黑金山"。

在各大海洋的海山上蕴藏着丰富的富钴结壳资源，在太平洋天皇海岭、马绍尔群岛海岭、夏威夷海岭、吉尔伯特海岭、麦哲伦海山等地都发现了大量富钴结壳。结壳中的矿物很可能是借细菌活动之助，从周围冰冷的海水中析出沉淀覆盖在岩石表面，经过长年累月的堆积，在玄武岩表层形成一层厚厚的被，面积绵延 600 多万平方千米。据专家估计，海底的钴总量约为 10 亿吨。富钴结壳是一种不断增长的矿产资源，但是相对于锰结核的生长速率它要慢得多。经过测算，每 100 万年只能增长几毫米，是地球上最缓慢的自然过程之一，所以对于一块小小的富钴结壳来说，它可能已经拥有几千万年的历史。

深海黑金山

富钴结壳不仅历史悠久，而且在诸多工业中都有重要的应用。人们从富钴结壳中提炼出钴、锰、锡等金属用到钢材中，使得钢材的硬度、强度以及抗腐蚀性都大大提高。其中很大一部分钴还被运用到航天工业中。一些高新技术产业，如光电电池和太阳电、催化剂以及超导体等的生产中也会用到大量富钴结壳中的提取的元素。

富钴结壳的开采难度较多金属结核大得多。因为多金属结核在松散的沉积物上可以轻松开采，而富钴结壳紧紧攀附在岩石上，就像是吃水果要剥皮一样，如果没有锋利的刀片，很难得到里面的果肉。除了传统的开采方法外，人们提出了一些创新的方法，如用水力喷射装置将结壳与基岩分离；对海山上的结壳以声波进行分离。日本在这方面积累了丰富的经验和技术。但是对于富钴结壳的开采，人类还像是一个刚学会使用工具的孩子，并不能够运用现有的工具对其进行更好的开采。

人们发现富钴结壳的时间较早，20世纪50年代，在一系列地质考察活动中，美国的一个考察队就发现了海山上的壳状氧化物，但就像是最初发现的多数矿产资源一样，富钴结壳也受到了冷落，人们并没有发现它能有更大的价值。20世纪70年代，人们开始着手主要研究其化学成分及成长速率，当人们发现这小小的石块中含有数量可观的元素后，才将其视为一种新的矿产资源来看待，这时时间的钟表已经指向了80年代，美国、苏联、法国、德国、日本等国家都开始了对富钴结壳的勘探。从1981年开始，美国与德国合作，在太平洋的专属经济区进行考察。法国的调查活动主要集中在南太平洋的专属经济区内。日本与南太平洋一些岛国进行了合作，调查富钴结壳。1984年，美国与韩国合作，在马绍尔群岛展开调查工作。

我国于20世纪90年代中期开始对富钴结壳进行勘探。2011年8月9号，我国勘探人员驾驶"海洋六号"船赶赴中西太平洋海山区进行探测，了解了富钴结壳的分布状况，测定了结壳的化学成分。为了加大对富钴结壳区域的探索，我国于2012年9月4日提交了富钴结壳矿区申请。2013年7月19日，国际海底管理局核准了中国大洋矿产资源研究开发协会提出的西太平洋富钴结壳矿区勘探申请。中国成为世界上首个就3种主要国际海底矿产资源均拥有专属勘探矿区的国家。2014年，我国与国际海底管理局签订了国际海底富钴结壳矿区勘探合同，使得我国能够在西北太平洋面积3000平方千米的海山区进行为期10年的勘探，合同到期后，仍然保留有1000平方千米的优先开采矿区。

浅海瑰宝：磷钙石与海绿石

1872 年，在欧洲的大陆西北方向的大不列颠群岛上，一个国家正在发生着深刻的变革，这不是政治体制的改变，而是科学的变革，工业革命的火种已经在这块土地上生根发芽。得益于工业革命的成果，英国人的航海事业发展很快，蒸汽动力作为动力装置配备在了"挑战者"号海洋考察船上，这是一艘以蒸汽和风帆为混合动力的先进考察船，船上配备了当时最先进的调查仪器、设备和实验室。英国人驾驶"挑战者"号开始了世界上人类首次环球海洋考察，揭开了近代海洋考察的序幕。

1873 年，"挑战者"号行驶到了非洲南部的一片海域上进行考察。一天，风平浪静，阳光洒下的光辉在海面上荡漾、跳跃。船上的科学工作者正在把拖网放到海里，不一会儿活蹦乱跳的鱼儿混合着海底沉积物就被捞了上来。人们把能吃的鱼儿下了厨，对打捞上来的沉积物进行分析，那是一些深褐色、黑色的像煤块一样的石块。这些石块若是一般渔民看到了，根本不会去注意它们，因为它们的外表确实太普通了，科学家们可不这么认为。他们知道，越是看似普通的东西，说不定蕴藏了巨大的价值。地质学家对这些石块进行了检验，测得其中含有大量磷、钙元素，后来人们称之为磷钙石。

不要小看这小小的磷钙石，它可有着"生命之石"的美誉。人的骨骼中含有大量的钙，当人年老时，钙元素流失，从磷钙石中提取出来的钙可以制成药物，让人的身体强壮。磷元素可以用来制造磷肥，促进农作物的生长，也可以制成养料撒在鱼塘里，促进鱼虾的生长。不仅如此，磷钙石还可以经过一系列加工制成防锈材料，涂在飞机上。从磷钙石中可以提取到纯磷和磷酸，用在玻璃、食品、纺织等工业中。这样看来，小小的磷钙石当真是海底的宝贝了。

海底磷钙石

　　"挑战者"号上捕捞到的磷钙石其实是磷钙石结核，它结构紧密、形状各异，在其表面通常有一层氧化锰，所以在阳光的照耀下可以呈现出玻璃光泽，十分有质感。一般的磷钙石结核不是很大，几厘米的最为常见，但是也曾经发现重达 128 千克的磷钙石结核。海底的磷钙石以三种形态存在，除了磷钙石结核，还有磷钙石砂、磷质泥两种。磷钙石砂要比结核小得多，就像是一粒粒沙砾一样，所以当时"挑战者"号的拖网还不能够捕捞到这种形态的磷钙石。

　　磷钙石的分布很广，在世界上很多国家和地区的浅海海域都有丰富的磷钙石矿。磷钙石常常和海底的众多沉积物混合在一起，不细细寻找很难分清哪个是磷钙石哪个是普通的沙石。美国加利福尼亚近海海底是一个非常大的海底宝库。1937 年，美国人首次发现了这里，但是并没有技术和能力去开发，直到 20 世纪 60 年代才调查清楚，确认了其规模，在绵延 1800 千米的海床上，覆盖了满满的一层磷钙石结核。据专家估算，这片海域磷钙石结核的存储量在 10 亿吨以上。其实这只是冰山一角，在全世界范围内已发现的磷钙石总量大约为 3000 亿吨。

按照现在人类的开采速度能够用几千年。

人们发现，海洋中的磷含量十分丰富，从微小的微生物到体形庞大的鲸类都含有磷元素。对于磷钙石的来源，一些学者提出，海洋生物死后沉在海底，经过一段时间后形成了磷钙石。因为海洋生物的骨骼和排泄物中都含有丰富的磷，这些生物死亡后不断堆积在海底，久而久之就会产生新的物质，就像是石油、煤炭的形成一样，这是生物成因说。

后来人们又提出了化学成因说。人们认为，根据海水中五氧化二磷的含量可以将海水分为四层。第一层为 0 ~ 50 米，这里是浮游生物的天堂，它们在日常生活中吸收了海水中大量的磷，因此这里五氧化二磷的含量并不是很高。到了第二层，从 50 米开始一直到水深 350 米的地方，这里是一个过渡地带，上面的浮游生物死亡后，它们的遗体会通过这里，磷溶解于海水中，这里的五氧化二磷的含量有所增加。但是这里是生物死亡残骸的中转站，所以并不能形成磷钙石。第三层到了水深 1000 米的地方，生物遗体开始大量分解，五氧化二磷的含量增高。第四层是在水深 1000 米以下，生物遗体很难到达。深层海水带着大量二氧化碳和五氧化二磷随着海底上升的水流被带到了浅水区，这里温度升高、压力降低，二氧化碳从水中溢出，生成了碳酸钙沉淀，经过很长的一段岁月，海底就形成了磷钙石。

在磷钙石分布的地方，还有一种沙砾大小，呈浅绿、黄绿或是深绿色的海绿石。它们常常与磷钙石混合在一起，表面带有光泽，却没有磷钙石那么坚硬。海绿石中含有大量钾，可以用来作绝热材料、净水剂等，还可以用来制作钾肥，提高农作物抗病、抗害虫的能力。用海绿石制成的钾肥还可以对土壤进行保养，防止水分流失和土质硬化。海绿石的形成同磷钙石一样十分复杂。一般认为，海洋生物的排泄物和黏土混合在一起形成了粪球，粪球又变成了粒状的海绿石。

Part 5

亟待开发的海底油气资源

自从工业革命的列车冒着滚滚浓烟缓缓向人类走来，先是陆地的油气资源被开发出来，人们从此能借助先进的设备上天入地。在对海洋的探索过程中，人们发现原来海洋才是一块宝地，油气资源之丰富超乎想象，并且新能源可燃冰正在向人们招手，等待着人们去开采。

海洋的"血液"和"氧气"

海底不仅有着丰富的矿产资源，而且油气资源也相当丰富。据统计，海底蕴藏的油气资源占全球油气总资源的三分之一。相对于海洋矿产资源来说，海洋油气资源的开发已经到了成熟阶段，各种大型石油钻井平台已经由近海向深海中迁移。

海底的石油资源大部分分布于面积约为3000万平方千米的大陆架上。对于这里的石油储量，法国的一个石油研究机构做出了估计，全球石油资源的储量为10000亿吨，可采储量为3000亿吨。其中海洋石油储量约占45%，可见海洋中的石油资源储备是多么丰富。石油资源在世界各地都有分布，其中波斯湾、墨西哥湾、我国近海等地都蕴藏着巨大的石油资源。

波斯湾是全球第一大油田，这里就像是一个永不枯竭的泉眼，石油源源不断地供往世界各地。欧洲西北部的北海一直被认为是"不毛之地"，因为在发现大型油田之前，这里的沿线国家生活在"水深火热"之中，石油资源短缺，只能依靠进口。20世纪60年代，沿线的一些国家发现这里其实蕴藏着巨大的石油资源，于是英国、挪威等国家纷纷开始对这片海域的石油资源进行开发，掀起了"北海石油开发热"的浪潮。到70年代，又发现了更大的油田，欣喜的人们终于不再因为石油短缺而苦恼，短短几年，这些国家就由石油进口国变为了石油出口国，实在是让人羡慕。

石油对于我国古代人民来说，从宋代起就不是什么新鲜的物质了。宋代的时候，我国著名的科学家沈括在他的著作《梦溪笔谈》就提到了石油，他将沿用下来的石漆、石脂水、火油等名称统一命名为石油，称这种油"生于水际砂石，与泉水相杂，惘惘而出"，并且还对其作了详细的介绍："延境内有石油……予疑其烟可用，试扫其煤以为墨，黑光如漆，松墨不及也。……此物后必大行于世，自予始为之。盖石油至多，生于地中无穷，不若松木有时而竭。"从此，人们便将"石油"一词沿用至今。沈括所言石油"大行于世"的情景在近代终于实现了。

物资富饶的波斯湾

时间回到上亿年前，海洋中阳光充沛、温暖舒适，陆地上的有机质随着河流不断被运送到海洋中，成了海洋生物的"食粮"。海洋中适宜的环境为海洋生物提供了巨大的生长空间，鱼类、浮游生物、软体动物等开始大量繁殖，这些生物生于海洋，死后也在这里安息，它们不是白来这世上走一遭，它们死后的遗体落到海底，不断堆积的生物残骸可以产生大量的有机碳，成为了石油和天然气的原料。

油气形成的过程是十分复杂且缓慢的。世界上的每个大洋都不是独立的存在，绵长的海岸线上，不时会有一条河流翻滚着、奔腾着汇入大海，在河口处我们会发现大量泥沙的堆积，有些地方还形成了沙洲、岛屿，如我国著名的冲积岛——崇明岛。当然这些泥沙不仅仅是在河口堆积，它们更大一部分随河流涌入到了海洋，在大陆架上不断堆积。在这个过程中，大量的生物残骸被泥沙掩埋，长年累月下，这些生物残骸与空气隔绝，在缺氧的环境下，加上细菌、压力、温度的作用，开始慢慢分解。经过了漫长岁月才形成了今天的宝贵资源——石油和天然气。

油气的密度较小，海底油气资源是怎么储存的呢？由于上面地层的压力，新生成的油滴不能跑出，只好乖乖地跑到一些有孔隙的岩层中。有的岩层孔隙很小，一些石油"挤"不进去，好不容易"挤"进去后，却再也出不来了，这样石油就被储存到了岩层中。在浅海的地层中，常常看到带有砂层、页岩、石灰岩的沉积岩。这些沉积岩本该平整地平铺在海底，但是由于地壳不规则地运动，往往刚刚形成的沉积岩就会弯曲，甚至断裂，地质学家称向上弯的叫背斜，向下弯的叫向斜。在地壳运动的同时，藏在沉积岩层中的石油跑到背斜里，形成了石油富集区。随着石油逃跑的还有天然气，不过天然气质地轻，跑得快，跑到了石油的上方。这里的构造是这样的：在背斜构造最顶部是蠢蠢欲动的天然气，中间的石油懒洋洋地躺在那里动弹不得，下层的水被它们压得快要喘不过气来。这样的构造成为了人们探索油气资源的首选之地。

我国的海底大陆架上油气资源丰富，渤海是我国第一个开发的海底油田。其中一些地方的沉积物的厚度达 4000 米，厚厚的沉积物下是巨大的油气资源。东海大陆架十分宽广，同样是一块油气资源宝地，据推测，这里的天然气储量比石油还要大。南海大陆架是一个很大的沉积盆地，也是油气资源的富集区。一些专家认为，南海很有可能成为下一个波斯湾或北海油田。

由于陆地资源的减少，海洋油气资源将成为未来一段时间人类重要的油气来源。尽管我国海洋资源丰富，开发的潜力巨大，要开发利用海洋油气资源却并不容易。世界上的一些油气资源开发大国已经可以探测 3000 多米深的海洋资源，并且装备先进，有着丰富的海洋探测经验，在这一方面我们仍要不断发展。相信在未来，技术问题都不再是问题，丰富的海底油气资源将会惠及所有人。

储量丰富的油气资源

海洋中有着丰富的油气资源，对于油气资源精确的勘探才能够为进一步的开发打下基础，就像盖房子一样，油气勘探工作就是基石，只有打下坚实的基础，积累一定的经验才能够更好地对油气资源进行采集。随着人们对海洋探索的不断深入，新的大型油田不断被发现，油气勘探工作变得尤其重要。在几十年的发展中，人们探索出两类油气勘探技术，一类为海洋地球化学勘探、海洋拖缆地震勘探、微生物勘探技术。第二类是以勘察船为主的探井技术。对于油气资源的开采，以各种海上平台为主，它们就像是海洋上的一座座大房子，从近海远到深海，海洋是它们生活的"家园"。

对于一片可能存在油气资源的地方，首先要做的工作就是摸清这片海域的情况，所谓"知己知彼，百战不殆"。在探测后预估目标区的油气资源，看值不值得开采。若确定要在这里开采，下一步就是要确定钻井平台的位置了，这时就会用到复杂的地质学、化学、地球学的知识，综合分析后选出最有利的位置。

在这期间会用到一个至关重要的勘探技术——海洋拖缆地震勘探。行驶在茫茫的大海上，人们不会费时费力跑到海底去亲自考察哪里有油气资源，作业船上先进的设备足以使得人们牢牢掌握附近油气资源的情况。具体的勘探过程是这样的：首先相关人员要布置好地震采集电缆、水鸟等水下装置，然后缓慢下放压缩空气枪，空气枪激发地震波，地震波穿过海水进入地层，采集电缆就会接收到各岩石层反射回的不同特性的反射波，根据收集到的地层数据处理分析，就可以确认油气资源的位置及其储层情况。进行海洋地震勘探需要精确的实时卫星定位系统，就是我们常说的 GPS 以及北斗系统。

接下来就要进行油气开采工作了，人们为开采石油建立了专门的大型海上石油平台。这个平台十分庞大与复杂，大致分为钻井平台与生产平台两大类。钻井平台负责深入海底钻到储存与石油的岩层，后续的开采、处理、贮藏、测量等工作就由采油平台来完成。

最早的海洋石油开采，人们只能在离海岸几百米的距离进行。先是将钻机安置在岸上，然后倾斜钻头，一路向几百米外的海中钻去，直到开采到石油。这一过程在今天看来有点奇怪，就像是挖一条斜斜的地道一样，有时还开采不到石油。对于远一点的油气资源，人们只能望洋兴叹了。人们期待一种新型开采石油的装置出现，就像船只一样，能够自由移动，到离岸远一点的地方进行开采。1947年，这种装置终于出现了，它像是海上的一座小房子，在自由移动的同时开采石油。后来对该平台不断改进，出现了自升式海上钻井装置，钻井船也出现了。在此基础上，人们发明了半潜式海上钻井装置。人们能够到更远的地方开采油气资源。现在一般的钻井设备能够在2000米水深的海底进行开采，有的能达到2500米。

海洋钻井平台并不都是移动的，在离海岸不远，风平浪静的地方，若是油气资源充裕，往往会有一座栈桥式海上石油平台。这是人们在向海洋深处不断进发的过程中发明的过渡性石油开采平台，现在仍然在使用。平台由打入海底的桩柱来支撑，并且在平台与海岸之间有一个长长的栈桥将两者连接起来，平台比较小，仅装备了钻井设备，平时人员的往返和物质器材的运输都要通过栈桥。

相对于固定式海上石油平台，移动式的平台更加灵活。最早出现的移动式平台为坐底式石油平台，比栈桥式平台大了许多，有钻井装置、储藏及生活舱室。平台分为本体和下体两部分，若干立柱连接其中。当作业时，立柱下潜，注入海水，深深扎根在海底，支撑着整个石油平台。当需要去别的地方开采石油时，就会把下体中的水排掉。坐底式石油平台的工作水深很浅，大多在10～25米的地方，所以说

海洋钻井平台

是移动式平台，但是却不能到更远的地方，只能在离海岸不远处转悠，因其局限性，后来慢慢被淘汰了。

　　这时出现了自升式钻井平台，它能够自行升降，钻探深度终于不再局限于小小的一二十米，能够达到100多米，其造价低，能够在海上较快速地移动，但是拖航困难，平台定位操作比较复杂。半潜式钻井平台的出现完美地解决了上述问题，拖航容易，探测深度进一步扩大，通常可以在2000米的海底进行开采，稳定性好，能适应恶劣海况。但是造价相对较高，受风浪影响大，甲板使用面积小。

　　钻井船是浮船式钻井平台，船上设有钻井设备，靠锚泊或动力定位系统定位。在早些时候并没有专门的钻井船，人们觉得钻井平台移动速度太慢，于是对一些驳船、矿砂船、供应船进行了改装，加上钻井设备就出现了钻井船，直到后来才出现了专门的钻井船。钻井船既有普通船舶的船型和自航能力，又可漂浮在海面上进行石油钻井。但是它的稳定性极差，由于钻井船经常处于漂浮状态，每当海上的风浪、海流涌动时，船体就会摇摆晃动，风浪大时不能作业，因此钻井船的稳定性是一个非常关键的问题。所以钻井船适合于风平浪静的海域进行作业，并且它的工作水深在 600 米的范围内，并不能到更深的地方工作。钻井船更多是对油气资源进行详细的勘探。

油气资源怎么开采

有了完善的海洋石油开采方法和先进的开采设备，是不是就意味着开采能顺利地进行了？等到人们经历了各种各样在陆地上开采石油时根本不会遇到的困难后，人们才开始意识到，虽万事俱备，只欠东风，但那东风来得异常猛烈，以致让人不禁要打一个寒噤。海洋中复杂的环境给开采工作带来了巨大的困难，但是人们还是在困难中摸索出了一套方法，让我们一起见证这个艰难的开采过程。

伴随着一阵轰鸣声的结束，采油工作正式开始。工作人员在井口下入套管，开始将储油层中的原油、天然气提取出来。在几十年的探索中人们总结了集中采油的方法，首先是自喷采油法。这是一种利用大自然的力量，半自动式的方法，既需要人力的配合又需要充足的自然条件。在一些储油层中压力比较大，与油井中形成压力差，在天然气躁动不安的催动下，油气自行喷出井口，人们只需要做好接收油气的准备就可以了。当然要选择合适的油管尺寸，并且适当地调节井口的节流器的大小，才能使得油气喷发得自然，满足产量的需求。一般有经验的老师傅能够很好地控制油气产量。

自喷井是人工与自然完美结合的采油方法，不仅管理方便，生产能力高，而且耗费小。但是当压力差不足时很难对油气资源进行开采，人们为了一次性获得更多资源，常常采取注水、注气等方式维持压力

深／海

Deep Sea

差，以延长油气资源自喷的时间。这种方法终归依赖于自然条件，并不是所有的储油层都有天然的能量将油气资源送到井口，人们开始探索新的方法。

后来出现了人工举升采油法。这是一种主动性强的采油方法，通过人为地向油井井底增补能量，将海底的石油提升

泵抽采油法

到井口。这是现在主要的海洋石油开采方式，分为两种方法。一种是气举采油法， 在井口外先将天然气进行压缩，然后从套管环隙或油管中注入井内原油中，原油吸收了天然气，密度变小，重量减轻，来自地下的压力突破防线将原油推送到井口。

想要用这方法，要有充足的天然气。有人说为什么不用空气，天空中一抓一大把，但是要知道，空气中可是有氧气的，一旦进入到原油中极易发生爆炸，说不定油管会被炸得面目全非，甚至会威胁到人身安全。气举法有较高的生产能力，井下装置简单，使用寿命长，管理方便。但是需要大量天然气，在有一定压力差的高产油井和定向井使用合适，要是油层压力很低，即使注入大量天然气，效果也不是很明显，所以不值得注入大量天然气来取得石油。还有一种是泵抽采油法，就是利用油泵将海底的液体泵运送到地面。这种方法不需要高压气体，适用于单井或者分散多井区域，但是适用深度有限。

从海底将油气开采出来后需要对其进行处理。这时得到的液体是由原油、天然气及污水混合而成，在进行加工之前必须将里面的不同成分加以分离。人们专门设计了分离装置，分离出来的原油放到大的储油罐中，然后经过海底油管或者运油船运送出去。分离出来的天然

气要加以净化、减压，然后通过海底输气管或者天然气运输船外运。小部分不符合标准的天然气就此烧掉。分离出来的污水要进行去污处理后再排放到大海中。排出的污水中有时会含有一些原油，如果排放进大海中就会造成污染，所以在对污水处理时通常还有一套分离装置，将污水中的原油分离出来。

在油气开采的过程中，油轮会定期来到石油开采平台将油气运送出去。如果遇到风暴天气，油轮不能前来取油，开采的石油必须储存起来，人们发明了贮油（气）罐。根据平台开采量的不同及开采平台的大小，贮油（气）罐的大小和构造都有所不同。提起迪拜，不禁让人想到这是一个挥金如土的国家，不少石油大亨都是出自迪拜。确实，迪拜的油气资源很是充足，1969年，一家石油公司在离海岸90千米的海上油田处建立了一个庞大的储油罩，人们先是挖了一个大坑，然后将这个重约15000吨的巨大钢罩放在船上，经过入海的一条河运送到这里，放在水深47米的地方。

这个巨大的罩子总高61米，其中14米露出水面，远远望去，像是海面上漂浮着的一个巨大的球体。这个水下油库的储存量大得惊人，一般的重力式海洋石油开采平台的储存量约为十几万吨，而这个巨大的罩子的储存量竟然达到了84000吨。即使由于一些状况，油轮很长时间不来，开采的石油在短时间内也有了安家之所。

海上油气资源开采不仅难度大而且十分危险，原油泄漏问题一直是被关注的焦点。石油中苯和甲苯等有毒化合物，若是不小心流入海洋，就会成为食物链的一部分，小到藻类大到大型捕食者，都会受到重要影响。海鸟的羽毛沾上了油污可能不能飞翔，坠落在海中，海中动物蚕食后会中毒死亡，它们的遗体或被别的动物吃掉，或是分解，会造成大片海水污染，动物死亡，海豚、海象和鲸等海洋动物也难逃厄运。

自从对海洋石油开采以来，发生了很多次重大的原油泄漏事故。

1979 年 6 月 3 日，墨西哥湾的一个油井发生了爆炸，原油迅速漫延到附近的海面，海水被污染，对周围的环境造成了巨大的影响，一直到 1980 年 3 月油井才被封住，这期间已经漏出了 1.4 亿加仑原油。巨大的灾害使得人们清楚地意识到开采、运输海洋石油时要更加小心翼翼，希望不要再发生这类灾难。

未来新能源：可燃冰

　　冰与火天生就是相生相克的物质，水火不容的观念早已深入人心。你也许见到过不会融化的冰雕，但是你见过可以燃烧的"冰"吗？世界上有一种冰，人们对它知之甚少。说它不是冰，它却像冰一样晶莹透亮，说它是冰，但是又颠覆了人们对冰的印象，因为它们可以燃烧。树木燃烧后会留下灰烬，煤炭燃烧过后会留下残渣，而这种冰在燃烧过后不会留下一丝痕迹，只有一缕青烟袅袅升起，无色无味融于天空。这种神奇的物质就是可燃冰。

　　可燃冰是一种清洁能源，主要由甲烷和水分子构成，有极强的燃烧力，在一定条件下遇见氧气后发生化学反应，生成二氧化碳和水。从其反应过程就可以看出，可燃冰比煤、石油、天然气燃烧产生的污染少得多，并且它的储存量巨大。据估算，海底的可燃冰用在电力上，可供人类使用百年，被科学家誉为"人类未来的能源"。

　　20 世纪 30 年代是一段和平发展的时期，人们已经对天然气进行了开发，建立了海底输送管道。有一点让人们很头疼，该管道需要定期地进行修理，一些白色冰状固体经常堵塞管道，使得天然气的运输效率大大降低。人们试图找到一种新的方法能够快速地清除这些碍人眼的"冰块"，于是对其进行了研究。

　　这是人类首次发现可燃冰。20 世纪 60 年代以前，苏联在开发麦

神奇的可燃冰

索亚哈气田时发现了可燃冰，才引起了人们的注意，并且把它当作一种新的燃料能源来研究。世界上的其他国家如美国、日本、印度等都纷纷开始寻找可燃冰。在确定它是未来的新能源后，到20世纪70年代，掀起了研究可燃冰的热潮。美国地质工作者在一次海洋钻探时，发现了一种看上去像普通干冰的东西，在打捞上来后冰块融化了，变成了一摊冒着气泡的泥水，这些泥水还极其易燃，后被确认为可燃冰。经过研究，人们认识到，可燃冰在高压低温条件下结晶形成固态混合物，一旦温度升高或压强降低，甲烷气则会逸出，固体水合物便趋于崩解。

巨大的清洁能源给人类带来了希望，人们对其爱不释手。关于可燃冰的身世之谜人们十分关注。人们发现地球留给人类的宝藏都来之不易，无论是煤、石油还是天然气的形成都经历了漫长的过程，亿万年的积累才形成了今天地球上丰富的海洋资源。可燃冰的形成也十分不易，起码需要三大条件：第一，温度不能太高，既为冰，天寒地冻最好不过。陆地上一年四季的温差很大，只有极地地区满足这一条件。海中的温度变化不大，有些海域的海底更是常年冰冷，成为形成可燃冰的天然之地。第二，要有足够的压强，越往深海，压强越大，到30个大气压，在一定的温度条件下便可能形成可燃冰。第三，要有足够的气源，所谓气源就是指甲烷，海中的鱼类、藻类体内都含有碳，死亡后经过生物转化成为了甲烷的重要来源。当三大条件集聚后，在海底地层的空隙中便会产生可燃冰。

据科学家估计，全球可燃冰的储量是现有天然气、石油储量的两倍。在大西洋海域的墨西哥湾、南美东部陆缘、非洲西部陆缘、美国东海岸，太平洋海域的白令海、日本海、中美洲海槽，印度洋的阿曼海湾，南极的罗斯海和威德尔海，北极的巴伦支海和波弗特海，以及黑海与里海等地都分布着数量可观的可燃冰。而在我国南海，现已探明的可

亟待开发的海底油气资源

燃冰资源量就与700亿吨石油相当，约为我国目前陆上油气资源量总数的两倍。美国、日本等国均已经在各自海域发现并开采出可燃冰。

可燃冰分布广泛，同时在不同的海域，因为环境条件的差异，在水深不同的地方都可能有可燃冰的存在。在赤道地区，海水温暖，一道道暖流从赤道开始流向世界各地，只有在较深的水域，大约400～650米的地方，才可以发现可燃冰。而在南北两极，气候寒冷，融化的雪水不断融入到海水中，一些地方巨大的冰块覆盖着海面，在水深为100～250米的地方，海水的温度足以形成可燃冰。今天石油、天然气的开发技术已经比较成熟，但是对可燃冰的开发还有很长一段路要走。由于可燃冰自身的特点，若是简单地将可燃冰提取出来，随着温度不断上升、压力逐渐减小，还没到海面可能就会"烟消云散了"，甲烷气体跑出来，可能会引起巨大灾害，还可能造成温室效应。所以至今为止对可燃冰的开采也十分慎重。

位于西伯利亚西北部的麦索亚哈气田是苏联开发的一个油田，在无意中发现可燃冰后，便对其进行了开采，成为世界上第一个也是迄今为止唯一一个对可燃冰进行了商业性开采的气田。位于加拿大西北部的麦肯齐三角洲地区十分寒冷，20世纪70年代，人们在这里勘探时偶然发现了可燃冰存在的证据，后来经过多年的勘探，终于发现了可燃冰。2002年，在这里实施了一项举世关注的可燃冰试采研究。该项目由加拿大、日本、德国、美国、印度5个国家9个机构共同参与，是世界上首次大规模对可燃冰进行国际性合作试采研究。

虽然地球上的石油、天然气资源十分丰富，但是由于开采较早，消耗量大，这些资源总有用完的一天。可燃冰储存量巨大，据科学家估计，海底可燃冰的储量至少够人类使用1000年。与此同时，可燃冰燃烧产生的能量比煤、石油、天然气要多出数十倍，而且燃烧后不产生任何残渣，是未来的最佳能源。

Part 6

让人惊奇的水域异象

　　自古"水火不容"，但海上却有海火存在；海面并非平静，旋转着的海洋大漩涡吞噬着一切；海上洋流强劲，黑潮又怎样用温暖的躯体为沿岸造福；那神秘的红海海水为什么呈红色，红海扩张之谜能否解开；百慕大三角真的是"魔鬼三角"？让我们来一起探索这些神秘的水域现象。

令人称奇惊叹的海火

人们以为陆地上的难解之谜已经够多了：神秘的金字塔建造之谜、秦始皇兵马俑之谜、麦田怪圈之谜……这些颇具神秘色彩的谜题不仅令科学家们百思不得其解，而且吸引了很多人去观赏。其实对于广阔的海洋来说，人类对它的了解远不如陆地深，有时在漆黑的夜里，海面上竟然会出现火光，而那并不是船只发出的照明光，人们称之为"海火"现象。

海火现象并不是近来才产生的，早在唐代就有一本专门记录各种神奇现象的《岭南异物志》记载了这一现象，说是在阴霾天气，海面"波如然（燃），火满海。以物击之，迸做如凰火"。近代关于海火的记载更加详细。1960 年春天，上海自然博物馆的一位动物学研究人员，在舟山群岛上搜集鱼类标本时，曾在一天晚上发现海上起了"大火"，他急忙前去查看，等驾着小船到了那里后才发现，并没有船只失事，也没有物体烧毁过的痕迹，而海面上还是有点点火光在不断闪耀、跳跃。他壮着胆，自水中划了一下，那星星点点的光竟然跑到了手上，这让他大吃一惊，对这一现象很是不解。

1975 年 9 月 2 日傍晚，在我国江苏省近海朗家沙一带，漆黑的海面上突然出现了一片火光，随着海浪不断涌动，有看到的人还以为是行驶在海上的船只着了火，但是细看之下又不像，一直到天亮才消失。有经验的渔民都说那是海火，说看到海火是不吉利的，准要有灾难发生了。到第二天夜里，海火又一次光顾了这里，并且来势凶猛，大有吞天之势，周围的海面被照得发亮，视力好的还可以看见那翻腾的海水。此后，一连七夜，海面上都有海火出现，并且一天比一天声势浩大。到第七日，附近的海面恍如白昼。有好奇的渔民驾驶渔船前去观看，只见那海面上涌出很多泡沫，渔船激起的水流明亮异常，水中还有珍

深／海

Deep Sea

令人胆战的海火

珠般闪闪发光的颗粒。过了一会儿，海火消失了，伴随着一阵地动山摇，这里发生了地震，老渔民的话应验了。

我国海岸线绵长，生活在这条"生命之线"上的渔民对海火现象形成了自己的认识。若与一位老渔民聊天，他就会告诉你"海火见，风雨现"，这是一代代渔民对神秘海洋现象的总结。在不同地方，海火现象颇为不同，以南北为分界线，就如同南、北方人的性格不同一样，海火也不一样。北方如辽、冀、鲁的沿海地区，海火现象比较少，并且规模和强度相对较小，而南方如浙、闽、粤、琼、台、桂这些地区，海火现象明显。

海火现象不仅在我国出现，据说在 1933 年 3 月 3 日的凌晨，日本三陆海啸发生时，人们也看到了海火。那是一些像草帽一般的圆形发光体，呈青紫色，它们随着海浪的翻涌，荡漾在海面上。

人们对神秘的海火现象的形成之因充满了好奇。陆地上有萤火虫能发光，海中一些生物也能发出微弱的冷光，一种观点认为正是这些发光的微生物聚集在一起产生了海火现象。夜光藻是一种圆球形海洋生物，它们的个头极其微小，细胞壁又是透明的，人的肉眼很难看清楚它们的模样，平时它们静静地浮在海面，受到惊吓时便会集体发出蓝光，生物学家称这是一种自卫的方式，用亮光来恐吓敌人。

除了夜光藻，还有许多细菌和放射虫、水螅、水母、鞭毛虫以及一些甲壳类、多毛类等小动物，会因为海底地震或海啸，海面剧烈震荡时，发出异常的亮火。但是一些研究者对此提出了质疑，若说这些海洋生物因为海啸、地震感到恐惧而发出亮光，那么海面上的大风大浪为什么没有刺激到这些生物，让它们产生海火现象？

反对者的质疑让人们继续去寻找海火产生的其他原因。美国一些学者对花岗岩、玄武岩、大理岩等多种岩石进行了压缩破裂实验测试，结果发现，当压力足够大时，石块爆裂开来，与此同时会产生出一股电子流，电子流与周围的空气发生摩擦，会发出微光。研究人员又将岩石放在实验室的水中进行试验，结果在水面也发出了光亮。人们认为当地震或是海啸发生时常常伴随有爆裂，当数量达到一定程度时就会产生海火。但是很多人对此感到不可思议，觉得海火的产生并不是这么简单。作为一种复杂的自然现象，海火的成因在目前看来仍然是一个未解之谜。

虽然海火现象常常伴随着大大小小的灾难发生，大到地震、海啸，小到暴风雨，但是人们还是尝试着去利用这一现象。在国防、航运交通及渔业上均有着重要的运用。在作战的时期，舰艇在发光海区夜间航行时，就有可能暴露目标；在渔业上，可利用海火来寻找鱼群；在舰运交通上，海火可以帮助航海人员识别航行标志和障碍物，避免触礁等危险。由于海洋生物发光的是冷光，可利用连续发光的细菌做成人工的细菌灯。细菌灯安全可靠，被广泛用在火药库、油库、弹药库等严禁烟火的场所。在第二次世界大战中，日军曾用细菌灯作为夜间的联络信号等。

揭秘太平洋上的黑潮

"条条大路通罗马"，人类用自己的足迹开创了一条条或是有形或是无形的道路。宽阔的大海上很难留下人类的足迹，但是在海洋中并不是没有道路，在海洋形成之初，暗藏在海水中的洋流就不断探寻环绕世界的道路，在海陆关系不断变化的过程中，这些道路大多改变了方向，有的甚至是消失了。直到最后一次盘古大陆分裂后逐渐形成今天的海陆格局，海底洋流的路线也渐渐固定了下来。其中最著名的就是墨西哥湾流和日本"黑潮"，黑潮是位于北太平洋西部海域的一股强劲的海流。它就像是一条奔腾着的大河，从南向北昼夜不停地流淌着。"黑潮"的海水并不是黑色的，甚至比一般海水更清澈透明。但是也不是平常见到的蔚蓝色，而是深靛青色的。那么为什么人们给它取了这么个名字呢？原来当太阳的散射光照到黑潮的海面上时，海水中的水分子似乎是不喜欢蓝色光波，因为大海已经是蓝色了，它想要不同的颜色，于是红、黄等色的光波被吸收了，当人们从海面上向下看时，海水变得更黑更蓝，所以人们称它为黑潮。

黑潮从我国台湾东侧流入东海，继续北上，过吐噶喇海峡，沿日本列岛南面海区流向东北，后来离开日本海岸向东蜿蜒而去。黑潮的整个行程，从太平洋的低纬度海域流向高纬度，南北跨越 16 个纬度，东西跨越 115 个经度，其间流经东海和日本南面海区，行程 4000 多千米，如果加上黑潮续流，全程约 6000 千米。

在前行的过程中，黑潮就像是一个长长的能够自行收缩的大袋子。在宽阔的海域，如日本列岛南面海域，黑潮将身体伸展开来，横跨 150 千米，这时的黑潮是一个大大的扁扁的平铺的大袋子。等到达一些狭窄的区域，黑潮就会拱起身体，紧贴着海峡两岸，谨慎地行走，这时它的厚度达 1000 米以上，流速也十分强劲，好似要加快步伐逃离这个狭窄的通道，到更开阔的地方。

黑潮的前身是由北赤道洋流转化而来，北赤道洋流东起巴拿马，西到菲律宾，是地球最长的西向洋流。当到达菲律宾时，北赤道洋流无法征服这片土地，转而向北上就形成了日本暖流，也就是黑潮。位于赤道地区的洋流都是十分温暖的，温度比较高，黑潮也具有这一特点。据调查，黑潮的表层水温都比较高。夏季在 27 ~ 30℃，即使在冬季，表层水温也不低于 20℃，它比邻近海水高 5 ~ 6℃，所以人们才称它为暖流。

黑潮的颜色不是黑色

我们来继续追踪黑潮踪迹。在流过东海重返太平洋之前，黑潮做了一件十分有意义的事。它在日本九州南部海面分出一个小分支北上，形成对马海流。对马海流继续前行来到了济州岛，它没有被美丽的景色迷惑，在济州岛西南海域一分为二继续前行，一支折向东北，穿过朝鲜海峡，径直奔向日本海；另一支折向西北，沿着朝鲜半岛西岸向北流动，经过辽东半岛，进入渤海湾，在渤海湾打个旋儿，这时便形成了黄海暖流。

黄海暖流作为黑潮的一个分支将温暖带给沿线地区。到了冬季，我国渤海湾内本应该是异常寒冷的，但是黄海暖流就像是一股新鲜的血液一样，使得渤海湾内不至于形成冰雪的世界，地处渤海湾内的秦皇岛得益于黄海暖流的影响，即使是到了冬天，海岸也不会太冷，海水不会冰冻。虽然黄海暖流的温度降低了很多，但是流速更加缓慢，所以混合在潮流中不易辨认，早先的人们因为找不到黄海暖流存在的证据而否定它的存在，后来人们根据其温度、盐度对其分析才找到了这条隐匿着的海流。而且受黄海暖流的影响，在这一带发现了热带大洋性浮游生物的存在。

黑潮对沿岸的气候有很大的影响，日本气候湿润，根据气象学家的研究，黑潮环绕对其影响很大。我国山东青岛与日本的东京纬度相近，但是气候差异却很大，当青岛人穿着厚重的棉衣御寒时，生活在东京的人们还穿着秋装。不仅如此，人们还可以通过黑潮的变化，推测出来年的大概气候情况。当秋末冬初时，只要测一测吐噶喇海峡的水温，就会对我国北部平原地区来年的气候有个大致的了解，若是海水温度较低，来年的春季会干冷少雨；若是海水的温度较高，那么来年春季会湿润多雨，风调雨顺。经过研究，人们发现黑潮的"蛇形大弯曲"对我国及日本等国的气候影响最大。"蛇形大弯曲"叫"蛇动"，黑潮的主干流动时就像是一条弯弯曲曲的大蛇一样，当"蛇形大弯曲"

远离日本海岸时，沿岸的气温就会下降，天气寒冷干燥；当"蛇形大弯曲"靠着海岸行走时，它会温暖沿岸，使得气温升高，空气温暖湿润。

黑潮对人类的贡献远不止这些，黑潮对渔业生产有着很重要的影响。在黑潮前行的过程中并非一路平坦没有磨难。它在沿着东亚的大陆架向北流动时会遇到一股强劲的寒流——亲潮。亲潮是由鄂霍次克海和白令海的寒流大军组成的，这一暖一寒交汇于此，平静的海水躁动不安，深层海水不断向上翻涌，下层的营养物质随着海水上涌到了表层，浮游生物快速繁殖，形成了世界性的大渔场。提到北海道，人们自然会想到那里的牛奶与三文鱼，但是你可能不知道，这里的北海道渔场是世界第一大渔场，而北海道渔场就是在黑潮与亲潮的交汇下形成的。我国享有"天然鱼仓"之称的舟山渔场，就是在暖流和沿岸流之间不断交汇下形成的。

深入探究红海之谜

在非洲大陆与阿拉伯半岛之间有一片美丽的内陆海——红海。红海是大自然的美丽馈赠，这里碧海蓝天，奇异美丽的海洋生物在五颜六色的珊瑚丛中游荡，每当夕阳西下，岸上层林尽染，给远处的山峰镀上一层美丽的金色。一位知名作家曾这样描述红海："世界上只有这个地方才会有如此金黄色的山和五光十色的海中溶洞，这些溶洞是东方和热带地区间的纽带"。红海是世界度假胜地，是潜水者的天堂。红海不仅以它的美轮美奂闻名于世，而且更是一处神秘之地。

红海虽得其名，其实它的海水大多时候还是像天空一样蓝，只在很少的时候远远望去是一片红海。那是在蓝绿藻爆发的季节，这种浮游生物死亡后，由蓝绿色变为红褐色，海水就被"染红"了。其实对于红海名称的由来还有很多种说法。有人说红海中有一种色泽鲜艳的贝壳，使海水呈红褐色；有人说是因为海中有大量黄红的珊瑚沙。而且在红海的浅海水域生长着不少的红色珊瑚礁，岸上的岩石也是红色的，在它们的映衬下，海水变成了红褐色。红海附近沙漠广布，也有可能是一些红色的沙砾随风飘散到了这里，让海水变得更红了。无论是哪种解释，红海因为它变成红褐色而闻名于世。

红海地处热带、亚热带，这里气温较高，海水蒸发量较大，加上不怎么下雨，海水的盐度很高。那么红海的盐度会越来越咸吗？不会，其实这就像是一个平衡的生态系统，海水中的盐分会以各种形式跑到陆地上，也有可能跑到海洋生物的体内。

红海不仅是旅行者的天堂，而且是科学家们积极探索的神秘之地。1978 年 11 月 14 日，北美的阿尔杜卡巴火山突然喷发，滚滚浓烟遮天蔽日，从火山口流出的一道道岩浆向四面八方肆虐，所过之处，一切生命形式都消失了，就像没存在过一样。一个星期后当人们对红海进行测量时惊奇地发现，在短短的 7 天里，非洲大陆与阿拉伯半岛之间的距离增加了 1 米，也就是说，红海扩张大了 1 米，这是十分夸张的，一块陆块的移动是非常缓慢的，每年移动几厘米已经很艰难了。并且红海的水温很高，在一些地方竟然达到了 50 多摄氏度。红海海底还蕴藏着丰富的矿产资源。这一系列现象综合在一起形成了红海之谜。

20 世纪 60 年代，科学家发现了大洋中脊，狭长的红海正被大洋中脊穿过。大洋中脊并不是一条绵延不断的"山岭"，沿着大洋中脊的顶部，一些断裂带就像是一把锋利的大刀将大洋中脊劈开，形成很大的裂谷。科学家通过水文测量发现，裂谷中部附近的海水温度特别高，就像是有一座巨大的锅炉在地下不断加热，人们称之为"热洞"。"热洞"中的地幔物质不断涌出，不仅加热了海水、生成了海底矿藏，而且使得洋底不断向两边扩张，在运动剧烈的时候，红海扩张迅速。

红海大多数时候是蓝色的

在以后的时间里，越来越多的科学团队来到这里考察。1974年法国和美国联合的科学家来到了红海，他们乘坐潜水器到了海底并沿着大洋中脊慢慢前进，等到了断裂带，缓慢向裂谷移动时，看到了传说中的"热洞"，之间滚热的岩浆正从那里喷涌而出。研究人员想测试一下"热洞"周围的温度有多高，就把随身携带的潜水温度计放在了附近喷发的热泉中，没想到这里的温度远远超过了温度计的量程，还没来得及测出其中的温度，温度计就被融化掉了。这次考察收获巨大，事后，科学家们将红海的扩张比作是一块两端被拉长的软糖，中间的地方越拉越薄，最后终于破裂，里面的岩浆喷了出来，将海底推向两边，这就是红海的扩张之谜。根据美国"双子星"号宇宙飞船测量，红海现在仍然以每年2厘米的速度扩张着。

科学家在对红海不断的探索中还发现了一些奇怪的现象。在热泉喷口周围游荡着一些奇怪的生物，一些短颚蟹在附近懒散地爬动，褐色蛤和贻贝大得超乎了人们的想象，像蒲公英似的管孔虫用丝把自己系留在喷泉附近随着海水不断漂荡。最引人注目的是一些管状的蠕虫，这些蠕虫没有眼睛，没有肠子，也没有肛门。科学家们将这些奇特的生物带回去进行了研究，发现这些蠕虫是通过有性繁殖的，它们并不需要阳光生存，属于"黑色生物链"的一部分，细菌是它们的食物来源。喷口附近的蛤也很奇特，它的生长速度非常快，是通常生活在深海的小蛤的几百倍。这些蠕虫和蛤肉的颜色红得惊人，经过研究，造成这种颜色的原因是其中的大量血红蛋白，在这样缺氧的环境下，这些生物的血红蛋白能够很好地与氧接触。科学家们认为这个小的生物世界存在是因为热泉不断喷发，使得热泉附近的温度不断升高，在高温、高压的条件下，硫酸盐会变成硫化氢，成为细菌新陈代谢的能源。大量繁殖的细菌又成了蠕虫甚至蛤的食物来源。这样原始的生物链像极了生命诞生之初的环境，从此这个"热洞"就与生命起源联系了起来。后来人们又在世界上很多地方发现了这样的现象，人们将"热洞"换了一个名字，称为"黑烟囱"。

对于红海还有很多神秘等着人们去探索，例如随着它不断的扩张，科学家们预言，若干万年后，红海可能会化身为真正的大洋。当然也有人持怀疑态度。对于红海扩张的内应力是什么的问题一直争执不断，一些人认为是软流圈物质的上涌，另一些人则持完全相反的态度。这些问题只是红海众多谜题的一个，更多的谜题等着人们去发现和探索。

恐怖的"魔鬼三角"：百慕大三角

提起世界上哪块水域最危险，人们会不约而同地想到一个地方：百慕大三角。百慕大三角地处北美佛罗里达半岛东南部，是由大西洋上的百慕大群岛、美国的迈阿密和波多黎各岛的圣胡安着三点连线组成的区域，这个巨大的三角形每边长约2000千米。在20世纪50年代以前不论是航行到这里的船只还是飞行在上空的飞机，经常会莫名其妙地消失，这一现象用现代的科技手段或正常的思维很难解释，久而久之使人们对这里产生了恐惧，不敢再涉足这片海域，这里也被人们称为"魔鬼三角"。

百慕大三角确实是一处凶险之地，每到夏秋季节，巨浪翻涌、狂风怒吼，飓风常常会肆虐横行，形成10多米的水墙。有时还会遇到海龙卷，也就是海上的龙卷风，它的上端与雨云相接，下端延伸到水面，一边快速地旋转，一边不定向地移动。海龙卷的威力特别强大，它可以将海水吸到几千米的高空，即使是再坚固的船只遇上海龙卷也只能逃之夭夭。而且百慕大三角正处在南、北美之间地壳断裂带的边缘，火山和地震活动非常强烈，这又是形成飓风的良好条件。百慕大三角海区洋流复杂，且大多强劲流急，发生海难的船只即使不沉入海中，也会被湍急的洋流冲毁。历史上各种海难的发生大概与这里复杂的环境有很大的关系。

最早到这片区域探险的是伟大的航海家哥伦布。公元1502年，哥伦布率领自己

令人毛骨悚然的百慕大三角

的远洋船队第四次远航美洲。当船队快要靠近百慕大时，突然天空中阴云密布，海面上狂风大作，一派末日的景象。哥伦布深深懂得海上自然力量的强大，于是赶紧下令调转船头向佛罗里达海岸靠去。然而接下来的一幕竟让所有人毛骨悚然，船上所有的仪器都失灵了，整船的人员都陷入了惊慌，不能辨认方向，船只摇摇晃晃没有目的地穿行在狂风巨浪中。幸运的是最后他们摆脱了危险，船上的设备也恢复了运转。事后检查，船上的磁罗盘的指针方向已从正北方往西北偏离了36°。后来哥伦布在写给国王的信中详细地述说了这一过程："当时，浪涛翻卷，一连八九天，我的两只眼睛看不见太阳和星辰……我这辈子看见过各种风暴，但是却从来没有遇到过时间这么长、这么狂烈的风暴！"

也许在之前漫长的岁月里，人类早已踏足了这片海域，但是没有幸存者，也很少有与之相关的记录。最早的关于百慕大三角神秘事件的记载是在1840年。那一年一艘装满了葡萄酒和香水的"罗莎里"号缓缓驶出了法国海港，当船只行驶到古巴附近时消失了，人们在附近的海域搜索也没有找到这只船的身影。直到数星期后，人们本来打算放弃了，但是"罗莎里"号却在百慕大三角海域出现了，在附近巡航的海军发现了它，船只并没有遭到破坏，也不是遭到抢劫，因为船上的一箱箱葡萄酒和香水还整整齐齐地堆放在那里，甚至船上的水果还很新鲜，但是船上的人却不见了踪影，就像突然人间蒸发了一样。船上唯一幸存的生物就是一只饿得半死的金丝雀。到底船上发生了什么，没有人知道。从此之后，类似的失踪事件在百慕大三角频频发生。

1918年3月4日，美国海军的一艘运输船载着236名旅客、73名船员缓缓驶入了百慕大三角，但是之后就失去了联络，再也没有出现，美国军方派出了大量飞机、战舰寻找但都无功而返。到了20世

深/海 ·
Deep Sea

纪 30 年代，一艘巴拿马的万吨铁矿运输船从这里经过并神秘失踪。搜救人员到达这里后只发现了一些烧焦的船体残骸，庞大的船只早消失得无影无踪。人们试图找到船消失的原因，但是最后也不了了之。

自从飞机第一次飞跃这片上空以来，就陆续发生了不少神秘消失事件。1945 年 12 月 5 日，美国海军正在这一海域附近训练，其中 5 架轰炸机飞到了百慕大的上空时忽然失去了联系，没有留下一点信息就神秘失踪了，美国急忙派飞机、军舰去寻找，但是它们同样就像人间蒸发了一样，事后也没找到飞机消失的原因。

由于频频发生海难、空难，越传越邪乎，人们对百慕大三角展开了一系列调查，发现这里海底的地貌是正常的，就是环境糟糕些，磁场与别的地方有些差别，地形较为复杂，暗礁遍布，剩下的无论是强劲的海流还是暴怒的海龙卷、飓风都是海洋上的正常现象。这些海难的发生应该都是人为因素或是自然因素造成的。

百慕大三角因其恶劣的环境，发生事故的概率十分大，但是一些媒体将普通的沉船事故夸大其词，造就了其"魔鬼三角"的凶名。美国海岸警备队的官员曾经多次批评这样的报道："对海上灾祸的超自然解释是不能令人信服的，是不科学的"。至今每年都有上百万人到百慕大群岛度假，"魔鬼三角"的称呼实在是有些不相称，虽然这里还会发生航海事故，但是人们已经认识到，这并不是恶魔的恶作剧，而是就像普通的海难一样，或是人为或是碰到了难以抗拒的自然力量。

奇异的海洋大漩涡

在海洋中无时无刻都有凶险，而这些糟糕的甚至是让人感到绝望的情况，往往事先是不能预知的。天空中阴云密布，可能会下雨，蚂蚁忙着"搬家"，人们忙着收衣服，这些都是可以感知的。但是到了海上，船只有时会碰到海洋中吞噬一切的大漩涡，莫名其妙地就被卷到了海水中，海洋大漩涡究竟是怎样一种神奇的现象呢?

挪威西海岸有一个名叫莫斯科埃的小岛。在莫斯科埃岛与海岸之间，常年海浪翻滚，涌动的海浪气势磅礴，来往的渔民要十分小心。但这里最凶险的还是那上千个大大小小旋转着的漩涡，它们就像是一张张血盆大口，时不时吞食来往的渔民。其中一些小漩涡不断旋转汇聚，最后形成了直径 2 千米以上的大漩涡——莫斯科埃大漩涡。据说有一年夏季，美国的现代短篇小说之父埃德加·艾伦·坡想见识一下传说中的大漩涡。一个头发花白的挪威渔民担任他的向导，艾伦·坡见到这位貌似有 60 多岁的"老渔民"，难以置信地摇了摇头，不过那位渔民告诉他其实自己只有 36 岁，他是一次途经大漩涡时唯一的生还者，在与大漩涡的搏斗中用尽了自己的勇气与力气，后来头发就由黑变白了。

渔民有两个兄弟，只有他们三人才敢到这一带捕鱼。一个天气晴朗的日子里，艾伦·坡同他们三人登上了一艘小船，朝大漩涡进发。这里涨潮与落潮都需要 6 个小时，在涨潮与落潮之间的 15 分钟之内是海面相对平静的时间，漩涡不是那么强烈。但是奇怪的是在航行途中他们船上的钟表停了，使他们不能掌握确切的时间。突然，海上狂风大作、巨浪翻涌，渔民两兄弟被吹入到了海中，幸好一只水桶和铁环救了他们。几分钟后小船就进入大漩涡当中，海水在船的左边升起，像是一道转动的大水柱，右边是深不见底的漩涡中心。船只在漩涡中突然散了架，几人只好抓住散乱出来的木桶、箱子等物品，小船的骨架绕着漩涡不断旋转，首先沉入了漩涡里，就在几人要掉到漩涡中心时，漩涡开始转向了。几人被甩了出去，这时一个经过的渔民正好看到了，就把他们救了起来。后来艾伦·坡还根据这件事写了一篇短篇

深/海

Deep Sea

小说《卷入大漩涡》。

在书中他这些写道：漩涡的边缘是一个巨大的发出微光的飞沫带，但是并没有一个飞沫滑入令人恐怖的巨大漏斗的口中，这个巨大漏斗的内部，在目力所及的范围内，是一个光滑的、闪光的黑玉色水墙，这个巨大的水墙以大约45°角向地平线倾斜。它在飞速地旋转，速度快得使人感到目眩，并不停地摇摆，在空气中发出一种令人惊骇的声响，这种声响半是尖叫，半是咆哮。

对于全世界范围内普遍存在的海洋大漩涡，科学家也是一筹莫展。伟大的量子物理学家沃纳·海森堡说："临终前，当躺在床榻上，我会向上帝提出两个问题：为什么会出现相对性和为什么会出现洋流紊乱？我认为上帝或许会为第一个问题给出答案。"不过人们对于海洋大漩涡还是有了一定的了解，不再像以前一样认为是水怪在作怪。人们认为不同的水流相遇时便会产生漩涡。当不同的水流撞击在一起时

奇异的海洋漩涡

会产生不可预见的后果。这种不可预知性与二氧化碳和甲烷气体的排放导致的不稳定性有关，这种不稳定性反过来导致了更加无法预测的水流的混合。收集到其中所有的变量并进行数学计算令科学家大费脑筋，他们正在努力弄清的一件事情是：如何理解海洋漩涡中一致和非一致运动之间的关系。这个关系是如何预测漩涡中的一个关键性因素。人们还发现，海洋漩涡和海洋的涨潮和退潮有直接的关系，虽然它们是海水暴动产生的杂乱无章的现象，但是有一定的结构特征。海洋漩涡永远都在变动，从不会重复自己，所以大量的数据统计实在是没有意义的，而在不知道这一点之前，人们曾经想通过大数据来研究海洋大漩涡，但都失败了。

世界各地经常会发现大型海洋漩涡。澳大利亚的海洋学家曾经在距悉尼 96 千米处发现了一个直径长达 200 千米、深 1 千米的巨型漩涡，它产生的巨大能量几乎将海平面削低了 1 米，洋流见了它都要绕道前行，有的洋流被生生截断，成了大漩涡的一部分。经估计，这个巨型漩涡所携带的水量超过了 250 条亚马孙河的水量，并且令人困惑的是，这个大漩涡虽然爱不断改变，但是从不同的视角观察，真是"横看成岭侧成峰，远近高低各不同"——有时从某个角度看上去很平静，有时换一个角度去看它又十分狂暴。

位于北极圈稍北处的挪威海岸处的萨特涡流是世界上最大最著名的海洋漩涡，萨特涡流是由几道强劲的海流形成的。形成萨特涡流的水势随着月相变化，朔望时水流最强，上下弦时最弱。潮水涨落每天两次，萨特漩涡也按时出现四次。每次涨落的海水在这条狭窄的水道内都汹涌奔走，形成千百个小漩涡，这些小漩涡不断积聚力量逐渐增大，有些漩涡直径达 10 米，中心的空洞深度也达 7 ~ 10 米。海水不断回旋，上方的空气也跟着旋动，发出一种可怕的呼啸声。

大多行驶在此的船只都会避开萨特涡流，但是也有一些勇敢的人试图征服它。1905 年，瑞典的一艘铁矿船"英雄"号行驶到这里后，不顾前方信号站的警告，毅然闯入到了萨特涡流中，等到真正发现了它的威力后，船长十分后悔，急忙掌舵试图回去。但是汹涌的萨特涡流哪里肯放过闯入它领地的大船，它一路狂卷将船冲走，向一个小岛撞去，船上的人急忙跳下船，爬上了陆地，船只撞上了岸边的峭壁，粉身碎骨，一些残骸冲到了岸上，一些被巨浪卷走了。

令人惊恐的地震海啸

唐山大地震、汶川大地震，一次次大灾难使人们真正认识到了地震的可怕。而在沿海地区，不仅要遭受地震的摧残，还要受到由地震引发的海啸的侵袭，而海啸造成的灾难远远超过了人们的想象。在远离海岸的地方，阳光明媚、海鸟飞翔，一切是那么美好，然而看似平静的海面却正在酝酿着一场巨大的阴谋，一阵地动山摇，海上掀起了滔天巨浪，它以喷气式飞机的速度向海边冲去，形成了一道十多米甚至是几十米的"水墙"，人们根本来不及反应就被卷入到了海水中……

印度尼西亚是全世界最大的群岛国家，有"千岛之国"的美誉，众多岛屿阳光明媚、风景秀丽，温暖的阳光洒在金色的沙滩上，是人们理想的度假胜地。但是这里也是地震、海啸的活跃地带。每年的12月，当一些地区已经是大雪纷飞、天寒地冻的时候，这里仍旧是一片暖阳，温暖舒适，这个时候也是度假的旺季。

2004 年 12 月 26 日的清晨，一切都是那么美，太阳已经在 8 点钟的天空中洒下金色的光辉，沙滩上人影活跃，孩子们在建造着自己的城堡，情侣在岸边深情相拥，一排排沙滩椅上躺着一些慵懒的晒太阳的人。突然一阵慌乱的声嘶力竭的呼喊声响彻整个海岸："快跑啊，海啸来了！"只见那海天之间一道巨大的水墙正势如破竹地砸向海岸，人们开始慌乱地拼命狂奔，跑到房子里，房子被冲跑了，跑到大路上，道路崩塌了，跑到车里面，那咆哮着的浪潮比飞驰的汽车还要快，一口就将其吞没了……村庄被摧毁了，电力中断了，到处是海水，到处是呼救的人。

一个目击者回忆："当时我离海滩只有100多米，只见排山倒海的巨浪从1千米以外压了过来。滔天巨浪闪着白光，越来越快地冲向岸边。凶猛的海浪打过来的时候，我已经惊呆了，竟在原地僵住了。这时候，有人叫快跑，我才缓过神来，拔腿跑向高处的马路，路上站满了人，但我还是不敢停下，继续狂跑。12个小时以后，我又回到海边，看到到处都是烂泥，人群不见了。听说有很多人都已经丧生，还有很多人失踪了。直到现在，我还感到恐惧。"

汹涌如潮的海啸

这是发生在苏门答腊岛以北的印度洋海域的一次大地震而引发的海啸。这次海啸波及了印度、泰国、马来西亚、孟加拉国等沿线国家，造成了20多万人死亡或失踪。在经济损失方面，据全球最大的再保险商"慕尼黑再保险公司"估计，与此次海啸相关的损失总计达到了

140 亿美元。

　　智利处在太平洋板块与南美洲板块的交错地带，地形狭长。在板块的挤压下形成了著名的安第斯山脉，智利的西海岸濒临环太平洋火山活动带，因此这里成了地震频发，海啸肆虐之地。在智利流传着这样一个故事：当上帝创造完世界后，手中还有最后一块泥巴，上帝舍不得浪费掉，就将它抹到了南美洲的西部。所以自古以来这片土地就不那么稳定，成了灾难之地。1960 年 5 月，这里发生了里氏 8.9 级的大地震，地震过后人们还没来得及喘息，巨大的海啸就来了。虽然人们做了预防工作，但是在自然灾害面前，还是那么不堪一击。整个智利从北到南，从首都圣地亚哥到蒙特港，无数城镇、码头、建筑等一切事物，或沉入海底，或被海浪拍碎了卷走……

　　海底地震、火山喷发或是海沟一些峭壁的坍塌都可能引发海啸。日本的一位研究人员说："海水越深，因海底变动涌动的水量越多，因而形成海啸之后在海面移动的速度也越快。如果发生地震的地方水深为 5000 米，海啸和喷气机速度差不多，每小时可达 800 千米，移动到水深 10 米的地方，时速放慢，变为 40 千米。由于前浪减速，后浪推过来发生重叠，因此海啸到岸边时波浪会升高，如果沿岸海底地形呈 V 字形，海啸掀起的海浪会更高。"

　　人类在对抗自然灾害的过程中产生了无穷的智慧，为了预测地震的到来，我国先民发明了地震仪，并对灾难的发生进行记录、探寻其中的规律。日本是一个受海啸侵蚀严重的国家，在日本东北沿岸有一个叫宫古的地方，生活在这里的人们很早就开始记录这里的海啸：这里平均 63 年发生一次浪高 4 米的海啸，平均 100 年发生一次浪高 7 米的海啸，而浪高 20 米的海啸则是每隔 229 年才会发生一次。人们利用这些记录可以大致找出规律，每到了特定的年限，就要分外小心，做好预防工作。

但是这种古老的方法真的可靠吗？就算是成功预测了某一年会发生海啸，一年的 365 天究竟哪一天会发生海啸呢？到今天计算机技术已经发展相对成熟，人们可以用计算机技术来模拟海啸。美国一位流体力学工程师和他的团队成功做了一个模拟海啸的数字模型，可以预测可能会受到海啸侵扰的地区，并且还能模拟灾难程度，科学家利用这些数据可以进行海啸的预报。但是从实际效果上来看，并不是很理想，对于对抗海啸人类还有很长的路要走。

我们能够想象到的强大的海啸都是来自海洋，但是科学家们会告诉你在过去漫长的岁月中，来自天外星体撞击形成的海啸才是最可怕的。地球表面积有 70% 多是海洋，这些天外来客 70% 多的可能性会去拜访海洋。科学家们认为一个直径 300 米的天外物体砸到海里可能就会掀起 11 米高的海浪，引发海啸，淹没至少 1 千米内陆地区。他们还认为，每隔 5200 年，这样的大海啸就会发生一次，面对这样的大灾难，人类只能去迎战。

海洋飓风还是台风

1935 年 9 月 26 日，日本三陆冲海面上阴云密布、狂风大作，日本第四舰队正在海面上匆匆前进，进行演习任务。汹涌的海浪不断拍打着军舰的侧舷，偶尔还会窜上甲板，随着船体不断摇晃流到各处。虽然风浪很大，但是在船长看来，这是海上最常见不过的现象，就像吃饭喝茶一样频繁，因而他并没有太在意。不一会儿，天空中的云层越积越厚，但是却没有下雨，这时军舰驾驶室的人员传来报告说，前方发现蘑菇状的风墙，船长看了报告后又向前方望了望，下令继续前进。当时台风的最大风速达到了每秒 40 米，掀起的海浪高达 14 米以上，显然这支舰队还没意识到台风的强大破坏力。当舰队顶着狂风恶浪进入到台风眼时，灾难开始了。狂风巨浪不断撕扯着整个舰队，"初雪号"和"夕雾号"两艘驱逐舰率先支撑不住，被拦腰斩断，伴随着海浪的轰鸣声沉没在海里，军舰上的人根本来不及逃生就淹没在了汹涌的浪潮中。其他战舰上的人员看到两艘沉没的军舰十分惊慌，拼命加速前进，想要快速逃离这片恐怖的区域，在冲撞台风的过程中"望月号"船桥断裂，水雷舰全部覆没。逃离出台风的包围后整个舰队已经是支离破碎，14 艘 5000 吨以上的大型舰艇遭到了不同程度的破坏，损失惨重。

台风还会到海岸作怪。1970 年 11 月，孟加拉国受到了严重的台风侵袭，猛烈的台风从吉大港附近的哈提亚登陆，进而席卷整个孟加拉沿海地区，导致 30 多万人丧生，大量民众流离失所，造成了巨大的经济损失。

台风是北太平洋西部地区热带洋面上产生的气旋现象，就像在河流中产生的漩涡一样，海洋上的台风一边绕着自己的中心急速旋转，一边乘着海洋之舟，随着周围大气不断前进。北大西洋及东太平洋地区也会产生这样的现象，不过人们称为飓风。我国毗邻的西北太平洋，每年到了夏秋季节，台风时常会登陆沿海地区，带来狂风暴雨，造成巨大的自然灾害。

台风的直径通常在几百千米以上，在海上远远望去就像是一个旋转的巨大的罐子，上面吞云吐雾，底部搅起滔天巨浪。台风可以分为台风风眼区、台风涡旋区和台风外围区，其中台风风眼区最为诡异凶险，这里是台风的中心地带，气压极低，呈一个空心管状，直径约为 10 ～ 60 千米，四周是不断旋转着的高不见顶的云墙。这里形成的金字塔浪具有巨大的破坏力，是台风的杀手锏之一。围绕台风风眼区的最大风速环形区是台风涡旋区，这里风速非常大，每秒 40 ～ 60 千米的风速都算是小打小闹，曾经出现过每秒 100 米以上的风速。再往外

让人惊奇的水域异象

就是台风外围区，这里就像是一个巨大的资源场，风浪源源不断地向台风中心汇聚。在这里天空中乱云翻滚，所以雨量也是时大时小，同样万分凶险。

　　"台风"这个名称的来历有很多说法，大致为两类：一类说法是和语言有关，一是由广东话"大风"演变而来；二是由闽南话"风台"演变而来；三是荷兰人占领台湾期间根据希腊史诗《神权史》中的人物泰丰 Typhoon 命名。另一类说法和地域有关。由于台湾位于太平洋和南海大部分台风北上的路径要冲，很多台风都是穿过台湾海峡进入大陆的，所以称为台风。"飓风"一词，有人认为是源自加勒比海中的恶魔，也有人说是根据玛雅人神话中创世众神的其中一位来命名的。

令人生畏的涡流

台风之所以产生于热带海面是因为那里温度高，大量的海水被蒸发到了空中，形成一个低气压中心。随着气压的变化和地球自身的运动，流入的空气也旋转起来，形成一个逆时针旋转的空气旋涡，这就是热带气旋。只要气温不下降，这个热带气旋就会越来越强大，最后形成了台风。其实在热带海洋上的热带气旋的强度差异很大，按台风中心附近地面最大风速划分为超强台风、强台风、台风、强热带风暴、热带风暴、热带低压六个等级。当风力达到了 11 级，并不超过 13 级时称为台风，13 ~ 15 级的称为强台风，15 ~ 17 级称为超强台风。

台风虽然强大但有自己的生命周期，无论它在成年时多么耀武扬威，到了生命的末期都只能消亡。台风的生命周期一般为一周以上，有的能挨过两周。有的台风在海面行走的过程中失去了高温高湿度的条件就会很快消亡。

台风有着巨大的破坏性，能够迅速摧毁海边的建筑物，所到之处公路会发生塌方、中断交通，大面积停水、停电，造成混乱。台风带来的暴雨容易引发洪水泛滥，淹没农田，摧毁房屋、公共设施，造成生命财产损失。暴雨还可能引发山体滑坡、泥石流等地质灾害，造成人员伤亡。全球每年发生台风 80 ~ 100 次，对人类生活产生了巨大的影响。据统计，平均每年约 1.5 万 ~ 2 万人死于台风灾难之中，造成的经济损失则达 60 亿 ~ 70 亿美元。

台风也并不是一无是处，小一点的台风只要造不成灾难，就会对人类有益处。台风能给人类带来淡水资源，大大缓解了全球水荒。一次不算太大的台风，登陆时可带来 30 亿吨降水。另外，台风还使世界各地冷热保持相对均衡。赤道地区气候炎热，若不是台风驱散这些热量，热带会更热，寒带会更冷，温带也会从地球上消失。

让人惊奇的水域异象

Part 7

千奇百怪的深海景致

海洋被誉为"地球留给人类探索奥秘"的遗产，在它湛蓝、幽静的面纱下，隐藏着千奇百怪的瑰丽景致。那深邃静谧的峡谷、千姿百态的珊瑚礁、神秘幽蓝的海底蓝洞，还有住着多种动物的奇妙岛屿，无不是地球留给人类的谜题，我们要在前人的基础上，破解海洋的秘密，开发未知领域。

加拉帕戈斯群岛

被誉为世界遗产的加拉帕戈斯岛，位于太平洋海东部赤道上，是一座由 19 个火山岛组成的群岛。1835 年，英国生物学家查尔斯·达尔文来到这座岛屿参观，从中获得重大感悟，创造了"进化论"的雏形。后人将它称为"独特的活的生物进化博物馆、陈列馆"。

16 世纪上半叶，加拉帕戈斯群岛孤零零地耸立在太平洋海面，岛屿荒芜，不见人迹。1535 年，一艘巴拿马船航行至岛屿附近，船上的主教贝兰加将这座岛屿命名为"拉斯·恩坎塔正斯"。在贝兰加的带领下，船员们在岛上发现了一些印加人的陶器碎片。不久后，西班牙人也来到这座岛屿，他们见这里栖息着世界罕见的大海龟，于是就将它称作加拉帕戈斯岛，意为龟岛。

时隔百余年，1685 年一个英国人在绘制航海地图时，首次标注了加拉帕戈斯群岛。后来这座岛屿就成为一些海盗的藏身之地。1832 年，建国不久的厄瓜多尔共和国占领了这片岛屿，并将它设立为省市，还在圣克里斯托瓦尔岛上建立了省政府。

在加拉帕戈斯岛上耸立着一座座高大的火山，其中最高的坐落在群岛中面积最大的伊莎贝尔岛，那里有座名叫沃尔夫的火山，它高达 1707 米，仅次于这座火山的是伊莎贝尔岛上的一座死火山，名叫阿苏尔山，只比它低 18 米。

在火山口附近有许多天然湖泊。这些大大小小的湖泊，犹如碧玉般镶嵌在山顶，晶莹剔透、波光粼粼。岛屿的地表崎岖不平，遍地都是暗红色的火山喷发物，好似堆积的一小堆儿煤灰。

加拉帕戈斯岛虽然在赤道附近，但因受秘鲁寒流影响，所以岛上气候较干燥，雨量较少、水温不高，因而动植物的分布也十分有趣。在一些沿海地带，生长着许多仙人掌和灌木；而较高的山坡上则生长着一些较高大的树木，树下长满羊齿类的植物。在这里可以看到多种多样的动物，有性情温和的海狮、身手敏捷的鹈鹕、呆头呆脑的企鹅、全身朱红的火烈鸟等多种有趣的动物。

1835 年，26 岁的达尔文搭乘英国海军的"小猎犬"号，来到加拉帕戈斯岛进行土质测量。接下来的一个月里，达尔文采集了许多标本。他发现岛上许多物种的差异和特异令人摸不着头脑。

加拉帕戈斯岛

不久后，达尔文在岛上发现了一个奇怪的现象。小岛上栖息着许多雀科鸟儿。令人惊讶的是，这些鸟儿却存在很大差异。达尔文经过一段时间的观察，根据鸟儿的形体大小、鸟喙形状、羽毛颜色、声音、饮食、行动等多方面，分出了 13 个品种。达尔文根据鸟嘴的不同，分析出鸟的不同习性。有些鸟具有较短、尖锐的喙，它们专吃一些籽类；有些鸟长着长而尖的嘴，它们多以仙人掌为食；还有些鸟长着圆润的喙，它们以捕食昆虫为主；啄木鸟的喙，形似一个钩子，这是为了方便捕捉仙人掌中的幼虫。

数年后，达尔文在《物种起源》中也用了寥寥数笔提到加拉帕戈斯岛上的鸟儿，正是这些不起眼的小鸟，为达尔文以后的自然界选择学说奠定了基石。后人为了纪念达尔文，就把这座小岛命名为"达尔文岛"。

加拉帕戈斯群岛最著名的要数岛上的罕有景象——巨型海龟。加拉帕戈斯岛上的海龟成千上万，个个体形庞大，多数海龟的长度都在1米以上，成年海龟体重约在360斤左右，最重可达到500余斤，它们的寿命最长可达400年，是名副其实的巨型长寿龟。尽管它们属于同类，但不同小岛上的海龟，其龟壳的形状也大相径庭。

除了巨型海龟，加拉帕戈斯群岛上还生活着举世闻名的史前爬行类动物——鬣蜥，也叫海鬣蜥。它不仅可以在陆地生存，也可以潜入海水中捕捉食物。生活在这里的鬣蜥大多身体较大，约有1米长，大多为灰黑色，拖着一条粗壮的长尾巴。它的样子很像侏罗纪时期的恐龙，全身布满鳞片。达尔文初次见到这些鬣蜥时，这样形容它们："在黑色的火山岩上聚集着许多黑色、丑陋的蜥蜴，它们的身体几乎与黑色岩石融为一色，缓慢地爬到海里去觅食……"

较为有趣的是，鬣蜥在交配后，雌鬣蜥必须长途跋涉，爬到火山口产卵。经过调查，在加拉帕戈斯群岛上生活着7种鬣蜥，每种都有显而易见的差异，而且在不同小岛上进化。有趣的是，在这些岛屿中，都生活着一种有加拉帕戈斯群岛特有的陆地鬣蜥。迄今，它是地球上唯一可以在海底爬行的鬣蜥，与其他鬣蜥不同，它们以海草为食，并且还有发育不完全的蹼足。

在加拉帕戈斯群岛生活的还有海狮和海狗，虽然它们同为海生动物，但习性却大不相同。海狗是群岛中唯一生活的热带动物，常常躺在岩石或沙滩上休息，到了晚上再下水活动；而加拉帕戈斯海狮与它恰恰相反，喜欢在白天活动。

加拉帕戈斯群岛是地球上少有的没有被污染的净土，这里没有凶猛的食肉动物，时常可以看到两种不同的动物面面相觑，随之都跑向四处。

最有趣的是加拉帕戈斯群岛竟然生活着一群极地动物，包括企鹅、信天翁、海豹等动物。这是因为秘鲁寒流经过群岛，使部分岛屿被冷气包围，温度明显降低，一些南极海域的企鹅、海豹等动物，就会跟随寒流来到这个气候适宜，宁静而安详的小岛了。

如今，加拉帕戈斯群岛已经被厄瓜多尔规划成国家公园，列入世界遗产名录当中。厄瓜多尔政府对加拉帕戈斯群岛也十分重视，对这里的游客数量严格管控，以确保岛上的生态环境不被破坏。

奇幻神秘的海底蓝洞

人们所说的"蓝洞"，就是特别深的、散发蓝光的洞穴。我国四大名著之一的《西游记》里边就有这样一个蓝洞。孙悟空有一身好本领，却没有一件称手的兵器，于是他找到南海龙王，想从龙宫讨一件兵器。龙宫之中兵刃千万件，却没有一件兵器能让孙悟空满意。无意之中，孙悟空在海底发现了定海神针，觉得是件好兵器，于是夺取神针离开南海。就在孙悟空拔去神针的一瞬间，原本风平浪静的南海，突然风云四起、波涛汹涌。而原本伫立定海神针的地方，顿时形成了一个深不见底的洞穴。

《西游记》是一部神话小说，说的定海神针只是神话故事。不过，南海的西山群岛附近，真的出现了一个深不见底、深邃幽蓝的洞穴。当地渔夫说，这个"蓝洞"就是当年孙悟空拔去定海神针留下的；也有渔夫说，它是南海之眼，里面藏着南海宝藏。

南海出现的蓝洞被当地市政府命名为"三沙永乐龙洞"。事实上，它并不是传说中的宝藏，也不是神话里的定海神针，而是地球上一种罕见的自然地理现象。俯瞰海面，蓝洞呈现出与周边水域不同的深蓝色，在海底形成一个巨大的洞穴。科学家称它为"地球留给人类宇宙秘密的最后遗产"。

地球上出现蓝洞的海域少之又少，因此当"三沙永乐龙洞"现身时，引起了世界各国的关注。早在1974年，我国收复西沙群岛后，军方就接到了对当地海域勘测的指令。当时，我国海军在勘测西沙永乐岛时，当地帮忙的渔夫给他们讲了一个神话故事。相传，曾有古人在晋卿岛北侧瞧见一个身长数米、形似蛟龙的怪物，它藏匿在小岛北侧的一个深不见底的洞穴之中，人们都叫它"龙洞"，没有渔夫敢靠近那里，大家又避而远之。

测绘人员听了后心中疑惑，觉得有责任查清这件事。第二天一早，他说服渔夫乘船来到"龙洞"，看见浅绿色的海面上，有一片半径长约200米的墨蓝色海水，这奇异的景象透着一股阴气，让人心中惶恐。在渔夫的带领下，测绘人员来到"龙洞"边缘，准备用设备勘测水深。不料，在测到200米时，海面刮起了狂风，船只在风浪中剧烈摇晃，勘测行动只好暂停，他们也只好驾船返回。后来，他们忙于其他任务，再也没去过"龙洞"，它隐藏的秘密也没能解开。

直到2015年盛夏，科研人员通过声呐、水下机器人、水下摄像设备等器材装备，经过一年的勘测和探索，终于测量出"三沙永乐龙洞"的深度和形态。"三沙永乐龙洞"的深约130米，洞底直径长约36米，是迄今已知最深的蓝洞。科研人员发现，"三沙永乐龙洞"内的水体无明显流动，而且上层还有20余种周围海域的鱼类和其他海洋生物。"三沙永乐龙洞"的发现，对科学研究具有重大意义和研究价值，因此科研人员还需继续探索，解开"龙洞"的谜团。

仅次于"三沙永乐龙洞"深度的是达哈卜蓝洞，它位于大巴哈马

神秘的蓝洞

浅滩高原边缘处的暗礁附近，被两条形如月牙的珊瑚礁环抱着。它幽深静谧，湛蓝深邃，与附近水域格格不入。起初，人们以为海底住着怪物不敢靠近，直到科学家历经无数次勘测、分析，才解开蓝洞的谜团。

在1亿3000万年前，随着地壳的变化，这里出现了一座石灰质群岛，人们将它取名为巴哈马群岛。当时海面辽阔无垠，深邃幽蓝，与其他海域无异。过了很久，地球发生了重大变故，冰河时代的到来，让这片四季如春的海域发生了变化。严寒的气候将水冻结在冰川，使海面大幅度下降。当时淡水和海水交相侵蚀，这座"石灰群岛"形成了许多岩溶洞穴，达哈卜蓝洞也是其中之一。后来，地球又发生了几次地震和其他灾难，机缘巧合下，这个岩洞塌陷，形成了一个奇妙的圆形开口，好像一口敞开的竖井。又过了几百年，冰雪消融，海平面升高，海水流淌进竖井，竟形成海中嵌湖的奇特景象。

达哈卜蓝洞直径超过 304 米，深约 121 米。这里水面平静，海水清澈，是潜水员的神往之地。不过洞底和周围神出鬼没的鲨鱼，也令不少人望而却步。1971 年，科研人员对它进行了勘测，后来人们将它评为世界十大潜水宝地之一。

在塞班岛东北角也有一片神秘海域，几段珊瑚礁将海域圈成圆形，形成一个幽深、湛蓝的洞穴。塞班岛蓝洞较浅，水深只有 17 米，最深之处也不过 47 米，它与外海的 3 条水道相同，因而光线能够透过水道照射进来，透出浅蓝色的光泽。由于这里海潮汹涌，所以蓝洞内的水"喜怒无常"，时而平静无波，时而波涛起伏。

在意大利的卡普里岛也有一处奇妙的景象，它还被誉为世界七大奇景之一，这就是卡普里岛"蓝洞"。这里的蓝洞与其他蓝洞大相径庭，它的洞口不在水面，而在悬崖下面，而且洞口很小，只能乘坐小船进入。由于它的结构独特，阳光可以从洞口照进洞内，洞内水又能反射光线，因此洞内的海水波澜晶莹，岩石也泛着蓝光，神秘莫测、美不胜收。

位于深海的珊瑚礁

在海洋深处的岩礁、斜坡、崖面、凹槽处，生长着一株株颜色鲜艳、形态百怪的珊瑚虫。它们有的全身朱红，有的橘黄，还有的是绿色、半透明的，它们聚集在一起，像树枝一样向上伸展，准备迎接清晨的第一缕阳光。

珊瑚虫的寿命相当长，它们是海洋中的一种腔肠动物，靠吸收海水中的钙、二氧化碳生长，继而分泌出一种特殊物质——石灰石，变成自己的外壳。珊瑚虫的体积非常小，只有米粒那么大，它们一群群聚集在一起，一代代新陈代谢，不断分泌出石灰石，将彼此紧密连接。时隔百年乃至千年，这些生长在海底的珊瑚虫，渐渐"蜕变"，它们的骨骼凝聚在一起，形成千姿百态的珊瑚礁。

珊瑚礁大多生长在热带气候，在太平洋中部、西部海域较为繁盛。它们形态各异，千姿百态。达尔文根据它与岸线的关系，将它分为岸礁、堡礁、环礁、桌礁等19类。有些珊瑚礁十分宽厚，体形很大，在发育过程中不断下沉或上升，就形成了珊瑚岛。

岸礁也被称作"裙礁"，它十分宽厚，生长在陆地边缘，形成隔离海岸的平台。不过岸礁并不是连续的，它有很多缺口，最宽处可达千米，形成一条海岸线。

堡礁也叫"离岸礁"。顾名思义，它分布在距离海岸较远的浅海。堡礁体形较大，一般宽度可达几十千米，它隐没在水下，俯瞰海面，好像断断续续的岛屿。澳大利亚东海岸的昆士兰大堡礁名闻世界，是世界最长、最大的珊瑚岛。它长达2400千米，中部宽13千米，南部宽1800千米，北部与海岸隔潟湖相望。大堡礁被誉为世界七大自然景观之一，被称作"透明、清

美丽的珊瑚礁

澈的海中野生王国"。

大堡礁由3000个珊瑚礁、珊瑚岛、沙洲、湖泊组成，是世界上规模最大的珊瑚群岛。其中大小岛屿就有600余座，较为出名的有绿岛、海伦岛、蜥蜴岛、芬瑟岛、哈米顿岛等，它的多数岛屿都是淹没海中的山脉顶峰。如果从高空俯视，犹如一颗镶嵌在碧海蓝波之间熠熠生辉的宝石。

17世纪初期，西班牙人托雷斯航行至昆士兰海域，遭到暴风雨的袭击。慌乱之中，他穿过一条海峡来到了大堡礁，并把那条海峡命名为托雷斯海峡。相隔100多年，1770年英国航海家库克率领"努力"号，在探索太平洋时途经此地，他的船只被礁石撞了个大洞，库克船长只好率领船员到大堡礁上扎营。当时，船上的植物学家班克斯见到大堡礁时非常惊讶。等到修好船后，他在日记中写道："我们刚才经过的这片礁石，是世界上绝无仅有的，只有这儿才能见到。它就像一堵珊瑚墙，伫立在这神话之中。"班克斯瞧见的"珊瑚墙"是世界上最大且独一无二的珊瑚。十余年后，英国海军将领威廉·布莱，乘坐"邦蒂"号，驶过绵延的礁石群，来到平静的海面。

在太平洋和印度洋的海洋上，有露出几座环状分布的珊瑚礁，因而人们称它为环礁。环礁与堡礁不同，它高出海面几米，大多呈圆形、椭圆或半月形，深数米到百米，直径达一米到百余千米。环礁的形成很有意思。在19世纪中期，达尔文搭乘"小猎犬"号途经努库罗群岛，经过一段时间调查后，达尔文得出这样的结论：环礁的形成和火山岛有关。

达尔文发现，火山喷发后形成的火山岛，很适合珊瑚依附生长。随着时间的推移，这些珊瑚逐渐形成裙礁。久而久之，随着岛屿外围的水流，逐渐形成堡礁。后来不知因何故，使岛屿或水平面上升，火山岛被完全浸没水中，剩下的环状珊瑚礁持续增长，就成了现在的环礁。除了这些以外，还有一些面积较小、分布较广的礁石，人们根据它的形象取名为点礁。还有一些伸出海面后形成沙滩或小岛的平顶礁，它可以自然形成，也可由堡礁、环礁演变而成。

人们最早对珊瑚礁展开研究是在我国东汉末年。当时吴国官员康泰在《扶南传》中记述了巡抚南海之事，同时也对珊瑚礁做了记载。19世纪初期，德国自然学家沙米索在航行至印度洋时，发现海面有些低矮的珊瑚礁群岛，经过一段时间的观察后，沙米索发现礁体的形成和风向、水流等因素有关。例如，月形或马蹄形的礁体，它们的凸面就是迎风面。古代航海人也有根据珊瑚礁判断风向的记录。

20世纪中后期，美国、澳大利亚等多国学者对珊瑚礁做了详细研究。美国学者韦尔斯等人发现珊瑚礁受水温、盐度、水深、光照等因素影响。经过多次研究和实验，大多学者认为，热带海区是珊瑚生长的最佳水温。不过，在海南岛和台湾水域也大范围生长着珊瑚，由于两地季节差异较大，所以这里的珊瑚礁被称为"高纬度珊瑚礁"。

20世纪末21世纪初，全球变暖现象严重，许多珊瑚礁出现了白化现象。加之近年来人类的过度打捞和工业污染，不少海域的珊瑚礁受到严重威胁，它们正在急速减少。有学者表示，珊瑚礁锐减的始作俑者正是人类自己，因而呼吁人们警醒自己，保护这些美丽的珊瑚。

深海热泉成为海底绿洲

海底的奇特现象有很多，随着科学事业的发展，人类对大海的探索也越发深入。万物生长都需要阳光，有了阳光植物才能生长，才能养活食草动物。即使在荒芜的沙漠之中，也会有淡水充裕、阳光普照的绿洲，但是深不见底的汪洋大海，又何来"绿洲"之说呢？

大海不仅辽阔无垠，而且深不可测，在数千米的深海，水压极强，见不着一点儿阳光。因此，人们一直认为海底是个不毛之地，是生命的禁区。不过这条传统观念，却受到了加拉帕戈斯群岛水域的挑战。

1977年，法国的几位科学家乘坐"阿尔文"号潜水艇，来到太平洋海域，他们将要到加拉帕戈斯群岛水下的裂谷去探险，验证海洋深处是否存在生命。当潜水艇来到深海底部时，科学家惊喜地发现，海底凝聚着大量贝类、蠕虫、蟹和其他生物。遗憾的是，他们没有带摄影设备，没法记录下这珍贵的景象。

两年后，科学家们邀请了生物学家和摄影师，再次前赴加拉帕戈斯群岛，在海底找到了当初的生物群落。摄影师记录下一幅幅珍贵、罕见的画面：那些海底生物嬉戏打闹，或相互追逐，或匍匐不前，令人眼花缭乱，流连忘返。据统计，在加拉帕戈斯群岛水下2500米深处，就有5个富有生命的"绿洲"。

这样稀世罕见的景象，让科学家们百思不得其解。这一个个海底绿洲，是怎样形成的呢？海洋生物学家提出一个大胆的猜想：海底绿洲这一奇迹，源自海底裂谷喷涌的热泉。海底热泉是一种神奇的自然现象，它和火山喷泉相似，从海底涌出较高温度的水，喷出来的热水就会像烟雾一样，萦绕海底，烟囱林立。仔细看时，还会发现烟雨之中生存着各种生物。

海底热泉水域与其他水域温度不同，一般为12～17℃。在高温、高压的特殊条件下，喷泉涌出的硫酸盐就变成了硫化氢，这种散发恶臭的物质，可以促进某些细胞的新陈代谢，因此，细菌就会在泉口迅速繁生。而这些细菌就成为一些贝壳、蟹等生物维持生命的养分，一个个海底绿洲也就诞生了。

奇妙的海底绿洲

在19世纪30年代,北欧一些国家开始着手调查、采集海底的生物。接下来的十年里,仍有不少科学家认为,深海不存在生命。英国科学家福布斯就认为,在550米以下的深海是没有生命存在的,那里充满荒芜和凄凉。直到1860年,工程师费莱明在地中海2000米处,发现了附着在电缆上的单体珊瑚和一些其他动物,这才使人们相信在深海之中是存在生命的。

第二次世界大战结束后,人们对深海的调查才正式展开。丹麦科学家布鲁恩曾率领一些科研人员,搭乘"铠甲虾"号调查船进行环球深海调查。不久后,苏联海洋生物学家津克维奇,领导"佩尔塞"号、"勇士"号和"库尔恰托夫院士"号多次对海底生物进行调查,他还提出了生物量估算水域生产的概念。后来美国派遣"维玛"号奔赴大西洋，进行海底动物的生态调查，并发现了许多以前没有记载的新奇物种。

随着科技的进步，人类发明了海底相机、潜水艇等新科技，这也让海洋生态调查步入了新的阶段。20世纪70年代，法国的"阿基米德"号和美国"阿尔文"号潜水艇，先后进行了深海调查。不久后，"阿尔文"号还在加拉帕戈斯群岛附近海域探究了重大成果——它发现了海底绿洲。

在海底绿洲居住的动物种类很匮乏，只有甲壳类、腕足类、海参类、蔓足类、被囊类、蠕形动物、海绵动物、苔藓动物和扁形动物涡虫类等。随着深度的增加，生存的深海动物变得更加稀少，这是因为深海动物的数量主要源自海底食物的多少。例如，加拉帕戈斯群岛海底生活的海底动物较为丰富，这是因为海底有热泉，海底动物能在此汲取大量营养。不过，太平洋的其他海域有机物比较匮乏，海底动物的数量就相对较少了，所以深海才被叫作海洋"沙漠"。

生活在深海、浅海的动物，存在很大差异。比如，生活在水深200～1000米处的动物色泽鲜艳；而生活水深2000米以上的动物，体色色泽就会较为暗淡。浅水处的虾大多为红色或紫红色，而深海的海虾大多为灰白色或黑色。另外，它们的视觉器官也朝两个方向演化，一些动物的视觉器官显著发展，以便适应微弱的光线；而另一些动物则会出现视力退化现象，有些鳃鳗的视力就会严重退化，甚至眼球消失。在北大西洋深海就生活着盲鱼、五螯虾等。虽然它们没有了视觉器官，但它们的触须却异常发达。盲鱼就没有触须，不过它可以通过测线系统，感觉海水的低频声波，以此寻觅食物、逃脱天敌。

为了适应环境生存，除了体色和视觉器官外，它们的肢体、骨骼、摄食器官和繁殖方式也存在很大差异。生活在海底的大鱼，它们的嘴往往比自身大好几倍，以便一口吞掉食物；还有些鱼，它们长着尖锐的牙齿或有引诱食物的发光器，鮟鱇鱼就是引诱捕鱼的高手。经过历代科学家的探索和研究，我们了解到，即便是伸手不见五指的深海，也生活着一群自由自在的海底动物。这片幽深、寂静的海底，并不是一片荒芜，而是海底动物的"绿洲"。

海沟就是深渊之处

人们在形容很深的地方时，往往会用万丈深渊、海底深渊等词汇。那么海底真的存在"无底洞"吗？事实上，在湛蓝静谧的大海之中，也存在嶙峋古怪的峭壁、曲折狭长的深谷，人们称之为海沟或海渊。海沟是海底最壮观的地貌之一，它分布在大洋边缘，大多数与大陆边缘平行。

根据海沟的分布，有科学家认为水深超过 6000 米以上的长形凹处都叫海沟。也有科学家认为，海沟应该与火山弧相伴。一般来说，海沟多呈弧形或长形，长 500 ~ 4500 米，宽 40 ~ 1200 米，水深在 6000 米以上。有的海沟形如 "V" 字，上部较为平缓，越到深处越陡峭，甚至有的海沟会有 45° 倾斜的坡度。

地球上约有 30 条海沟，其中有 14 条都分布在西太平洋的马里亚纳群岛附近。世界最为著名的海沟，要数位于马里亚纳群岛的马里亚纳海沟。它是地球上水深最深的海沟，深度约有 11034 米，是名副其实的海底深渊。20 世纪中期，英国皇家海军"挑战者 II"号，在探索西太平洋时发现了它，并对它进行了首次测量。"挑战者 II"号利用探针，在海面反复发送声波，再以耳机捕捉回波，经过反复测量和计算，终于确定这条海沟的深度，并将它的最深处命名为"挑战者深渊"。

那么，这条深不见底的海沟是如何形成的呢？早在数亿年前，海洋板块和大陆板块互相挤压，密度较大的海洋板块，以30°的斜角插入大陆板块下面，在两个板块相互摩擦的过程中，形成了一条长长的、"V"形凹陷地带，也就是今天的海沟。科学家还发现，海沟的形成与地震也有密不可分的关系，大多海沟都在地震带附近。

1923年9月1日，靠近日本海的东京、横滨一带，大地突然剧烈晃动起来，只是眨眼之间，房屋纷纷倒塌。当时大多数人都在家里做午饭，火炉翻倒，燃起熊熊烈焰。惨叫声、哭泣声不绝于耳。人们争先恐后地跑出建筑物，恐惧和死亡笼罩着他们。这场著名的关东大地震，以及由它引发的火灾，吞噬了24万人的生命。

科学家、地质学家经过分析和研究后得知，太平洋周围火山、地震的始作俑者就是大海的深渊——海沟。之所以会发生日本关东大地震这样的悲剧，是因为海底地壳和大陆地壳互相冲撞海沟邻近地带，引发了这场无情、残忍的地震灾害，夺走了数十万人的生命。

不久后，科学家再次对马里亚纳海沟进行探索。与陆地不同，探险海洋奥秘是极其困难的，而且海沟底部压力极大，这对人类来说也是一个巨大的挑战。尽管探险之路危机重重，但人们始终都没有放弃。1960年，几名科学家乘坐深海探测器，来到马里亚纳海沟最深处，进行科学考察和研究，这是人类首次下到马里亚纳海底。在勘测期间，科学家们发现了一个意外之喜，在海沟深处竟然有一条小鱼和一只小红虾在游动。

众所周知，在千米深的海水中，生活着人们熟知的虾、乌贼、章鱼、抹香鲸等大型海兽；在2000～3000米的海水中，生活着成群的大嘴鮟鱇鱼。不过，在8000米以下的深海，只有一些长约18厘米的小鱼，在马里亚纳海沟的最深处，动物更是少之又少。

在千米深的水层中压力极大，对于生活在7000多米水下的小鱼来说，它们要承受700多个大气压力，这样的压力足以把汽车压扁。

深海中的抹香鲸

令人不可思议的是，深海之中的小鱼竟能照样游动自如。在万丈深的海渊里，科学家们竟然发现了很多小鱼、小虾。假如不是亲眼所见，只听其传言，会以为是天方夜谭。

2014 年冬天，科学家们在马里亚纳海沟 8000 米以下的海床上，发现了一种奇特生物——狮子鱼。它游动时，看起来就像是个奇怪的卡通狗鼻子，身后还带着一张湿纸巾。它全身雪白，圆滚滚的，头大、眼睛小、没有鱼鳞，大约成年人手掌那么大。英国亚伯丁大学的科学家米生博士说："它是一种栖息很深的鱼，它不在我们已经发现的生物范围内。"

科学家经过分析、研究发现，深海鱼为了适应深海环境，它们的身体的生理机能发生了改变。由于深海水压巨大，所以鱼的骨骼变得非常单薄，容易弯折；它的肌肉组织也特别柔韧，纤维组织变得出奇细密。所以即便是在 8000 米深的水层，也不会受压力影响。另外，它们的眼睛结构也很有趣。一般鱼类的眼睛长在头部两侧，而深海鱼的眼睛却长在头顶，而且眼珠还能上下左右活动，调整焦距，就像一架望远镜。

在昏暗、幽静的深海里，隐藏着很多血腥与杀戮，身长 10 米的霸王乌贼就生活在这不见天日的海沟。1960 年隆冬，瑞士探险家雅克·皮卡尔和美国中尉沃尔，乘坐一艘深海探测器，来到马里亚纳海沟的最深处，这无疑是个巨大的挑战。当他们下到 9785 米时，潜水艇发生了剧烈的震动，一块 19 厘米厚的玻璃出现了一道轻微裂痕。皮卡尔非常担心会出事，但他也不愿放弃这次难得的机会。他和伙伴几经商量，最终决定继续下潜。当潜水艇来到 10916 米处时，他们看见了许多深海动物，有身长 30 厘米的欧鲽鱼，还有很多高级的海洋生物。

据科学家统计，在这万丈深渊中生活着 370 余种动物，有蠕虫、甲壳类、蛤、海参等。不过，令人疑惑的是，在海沟深处发现的这些动物个体，要比其他深海动物大许多。

Part 8

失落的海底文明

古诗云："独往不可群，沧海成桑田"，意思是说大海会变成陆地，陆地也会变成大海。古人曾以为这是天神施法，事实上，这只是地球上的一种自然现象。千百年来，沧海桑田的演变从未停息，许多文明古国被大海吞没，它们藏匿在海洋深处，等待智慧的人类揭开面纱。

寻访亚特兰蒂斯帝国

岁月流逝，时光荏苒，许多曾经盛极一时的发达城市，历经千百年的历史变革，也都付诸一炬，消失得无影无踪了。不过，也有一些随着沧海桑田的变化，沉没到深海之中。这些璀璨的文明古城为何消失，一直吸引着历代历史学家和考古学家。

希腊伟大的哲学家柏拉图在《克里特阿斯》和《提迈奥斯》两本著作中，提到一个神秘而悠久的水下古堡——亚特兰蒂斯王国。书中说："在梭伦九千年前左右，海格力斯之柱（直布罗陀海峡）对面，有一个很大的岛，从那里你们可以去其他的岛屿，那些岛屿的对面，就是海洋包围着的一整块陆地，这就是'亚特兰蒂斯'王国。"

那么，亚特兰蒂斯王国是谁建立的呢？相传在一个小岛上，住着一个父母双亡的少女。海神波塞冬见到她时，对她一见倾心，于是娶她为妻。时隔数年，波塞冬和妻子生了五对双胞胎，于是他把整座岛屿划分成 10 个区域，分别让他的 10 个儿子治理，并授命长子为最高统治者。因为长子名叫"亚特拉斯"，所以这个国家也被称为"亚特兰蒂斯"王国。

亚特兰蒂斯王国非常富庶，在 10 个儿子的统治下也日益强大。不幸的是，时隔多年这 10 位王子变得堕落、慵懒，他们的国家也出现腐败现象。众神之首的宙斯听闻此事勃然大怒，为了惩罚这些堕落的人，宙斯引来洪水和地震，亚特兰蒂斯王国就这样沉没了。

关于人类文明的毁灭，历史上有很多传说，而最神秘的就是玛雅历法的预言。其中预言生活在地球上的人类，将经历五次毁灭和重生周期，每一周期就是所谓的"太阳纪"。玛雅人认为，每一纪结束时地球上就会发生一场惊天动地的灾难悲剧。古代墨西哥著作《梵蒂冈城国古抄本》似乎印证了这一点，一些古籍中也有类似记载：

深／海

Deep Sea

地球上曾先后出现过四代人类。第一代人类为巨人，孕育他们的不是地球，而是神灵，他们最终毁灭于饥饿。第二代人毁灭于熊熊烈火。第三代人类则为猿人，他们毁灭于相互残杀。后来第四代人类出现，也就是处于"太阳与水"这一阶段的人类，而这一阶段的人类文明将毁灭在惊涛骇浪的洪水中。

亚特兰蒂斯王国的故事也许不只是神话。据说在 20 世纪 60 年代，苏联的一位博士曾接触一个神秘来客——鱼孩。当时苏联的一艘运送核导弹的货船沉没海底，苏联政府决定不惜一切代价也要把它打捞上来，于是派遣数艘潜艇、舰船到附近海域搜寻沉船的下落。

一天晚上，正当潜艇在水下工作时，雷达屏幕上突然出现了一个奇怪的鱼的影子。这条鱼浑身长满了鳞，也有鳃，却有一张娃娃脸，还有一双灵巧的小手。科学家们大吃一惊，想要把它捉来研究，然而那鱼一晃不见了，不管雷达怎么搜索也找不着。

有位博士觉得鱼孩还会出现，就让船员们准备好大网，放上诱人的鱼食，准备捉捕它。过了一会儿，海面出现一个黑影，正在慢慢向轮船靠近。船员们通过雷达发现，正是刚才逃跑的鱼。可能是鱼食太过诱人，鱼孩毫不犹豫地游了过去，落入了人们早已布好的陷阱。

鱼孩这才知道上了当，发出阵阵哀鸣，拍打着小手，哀求船员放它回去。科学家们对它感到非常好奇，就问了它几个问题，鱼孩的回答更是令所有人为之震惊。它说，它来自海底的亚特兰蒂斯，就是那个沉没在海底的王国，而且它们已经发展到了相当高的文明，它们不仅可以模仿地球上人类的一切活动，还能够说人话，甚至还派了许多人到陆地上监视人类。

科学家立即将这件事报告苏联政府，并把鱼孩秘密带到国内，将消息严密封锁。可是鱼孩到苏联后，再也没有说过一句话。苏联曾多次派潜艇秘密调查亚特兰蒂斯的下落，但始终没有结果，最后寻找亚

柏拉图

特兰蒂斯的计划也随着苏联解体而搁浅。

时至今日，鱼孩的秘密也没能解开。亚特兰蒂斯王国的沉没地点，也引起了诸多神话猜测和相关考古研究，不过这些猜测和研究都是以柏拉图的著作为依据。德国物理学家雷纳·库内认为，亚特兰蒂斯王国应该沉没在西班牙南部海岸的某一海域，在几百年前，一场洪水毁灭了那里。人们通过卫星图片观察到，在西班牙南部海岸地区的一片沼泽里，存在着两个方形结构痕迹。雷纳·库内觉得，这两个痕迹就是亚特兰蒂斯王国宫殿的遗迹。瑞典地理学者埃尔林森认为，爱尔兰才是亚特兰蒂斯王国的遗址。

2009年2月，曾有媒体报道称网民通过谷歌地球服务，发现了深海之城——亚特兰蒂斯的真正位置，是在距离非洲海岸960千米的大西洋海底。不过谷歌公司发言人随即出面辟清谣言。谷歌发言人称这种说法并不真实，网民在谷歌地球上所看到的不过是海床数据采集船，在处理数据时产生的声呐线而已。就此亚特兰蒂斯现身大西洋海底的谣言也就不攻自破了。

2011年，一支考古队声称他们已经发现了亚特兰蒂斯的正确位置，就在西班牙南部的泥滩下面。两年后的隆冬，考古学家在葡萄牙西部海域发现了海底金字塔，有人指出这很可能是亚特兰蒂斯王国的遗迹。世界各地的历史学家、考古学家都在努力寻找和探索这一秘密，这也让更多的人对这一传奇之城产生了好奇和联想。相信，通过人类的不懈努力，终会解开亚特兰蒂斯古城的谜团。

寻找"海底人"的足迹

丹麦著名作家安徒生曾创作一篇享誉世界的童话作品——《海的女儿》。故事说的是在海底王宫，生活着一群美丽善良的人鱼，他们上半身呈人形、下半身却长着鱼尾。海底最小的公主对人类的生活很感兴趣，当她浮出水面时，救了遇难的王子，并深深地爱上了他。小美人鱼为了爱情奋不顾身，她和巫婆订下契约，用鱼尾和声音换了一双少女的腿，来到王子身边。遗憾的是，小美人鱼没能得偿所愿，为了爱情幻化成大海的泡沫。童话故事里的美人鱼，善良、貌美，一直以虚幻的身份出现在世人眼前。

航海家哥伦布

不过，著名航海家哥伦布证实了美人鱼真实存在。15世纪末期，哥伦布在航海日记中写道："美人鱼"并不像童话里那般明艳动人。它只有两只深陷的小眼睛，没有耳轮，上嘴唇高高鼓起，两个能闭合的鼻孔长在头顶；下嘴唇内敛，嘴边还长着稀疏的胡子。

　　哥伦布的日记并不能消除人们对美人鱼的向往。许多目击者和有关美人鱼的记录都说：她们长发披肩，目光温柔，裸露上身，下身是披满鱼鳞的鱼尾。中国古籍之中也有对美人鱼的记载，不同的是古籍中的"美人鱼"，名唤鲛人，凶恶残暴，嗜血成性。

　　《平山草堂笔记》中记载："太祖十三年，一个学士乘着小船，来到洞庭焦郡，忽然海面刮起大风，学士被风浪卷入海中。过了几日，学士被海浪冲上了海岸，一个渔夫瞧见他嘴里含着一颗鸽子蛋大、华光煜煜的珍珠，渔夫心生歹念，想把珍珠占为己有，可是渔夫一触碰珍珠，手指就会传来灼热疼痛难忍，渔夫觉得这颗珍珠是不祥之物。不一会儿，学士醒来，他说他沉没大海后，和海底龙宫的龙女缱绻缠绵，突然感到海水翻涌，自己就到这儿了……"《博物志》中说："南海水有鲛人，水居如鱼，不废织绩，其眼能泣珠。"

　　在古代传说中鲛人生活在海底，它的眼泪被风吹落，就会化成硕大、饱满的珍珠，不过它们对血十分敏感，闻到鲜血就会让它们变得狂躁、凶残。书中的鲛人即黑鳞鲛人，古书中记载在东海的珊瑚岛下生活着一群鲛人，它们上半身是人形，下半身是鱼尾，性恶凶残，它们时常在附近海域歌唱，吸引来往的商船。每当有船舶经过，它们就会掀起海浪，掳去客商，把人类吞进肚子，连骨头也不剩。黑鳞鲛人的皮下脂肪很厚，而且油脂的燃点很低，只要一滴就可以燃烧数月不灭。因此，古代皇亲贵胄的墓中都是用鲛人油脂作灯油。当地的渔夫捉到活的鲛人，就会将它一刀刺死，把尸体晾干，抽走它的油膏，制成"不灭烛"，一烛之价不下千金。

不只是"美人鱼"，海底还生活着另一种神秘而智慧的生物——海底人。1959年2月，人们在波兰的格丁尼亚港发现了一个奇怪的人。他穿着一身用金属做成的制服，脸部和头发有烧焦的痕迹。这个人疲惫地在沙滩上移动，人们以为他的精神出了问题，就赶紧把他送到格丁尼亚大学的医院里。医生见了这人后也感到惊讶，就把他单独安排在一个病房，和众人费了好大力气才把这件金属外衣切开。不久后，检查结果出来了，医生不由大吃一惊，这个患者的手脚骨骼与正常人不同。更令人震惊的是，他的器官和血液循环系统也与常人有差异。正当医生想作进一步研究时，他却离奇失踪了。

这件事情在波兰掀起了轩然大波，时隔30年后，人们在美国市区的一个沼泽又发现了一种奇异生物。它们半人半鱼，有的还长着鳃，令人们吃惊不已。科学家推测，人类的祖先也是鱼类的分支，退化长鳃也有可能。

类似的怪事并不在少数。1938年人们在爱沙尼亚的朱明达海滩上，发现了一个"鸡胸、鸭嘴、圆脑袋"的"蛤蟆人"，当它发现有人跟踪时，就迅速扎进波罗的海，其速度非常快，人们几乎看不见它的双腿。

时隔20多年，美国国家海洋学会的罗坦博士使用水下照相机，在4000多米深的大西洋拍摄到了人类的脚印。

1963年，美国潜艇在波多黎各东南海域演习时，意外发现了一只"怪物"，它既不是人也不是鱼，而是一只长着螺旋桨的船。它的航速非常快，时速高达280千米，这在人类现代科技史上绝无仅有。当时，美国海军看见了它，他们立即派出军舰和潜艇追捕，然而3个多小时后，这只"怪物"摆脱了人类的追踪，消失得无影无踪。

十年后，在大西洋斯特里海湾出现一艘形似雪茄的"船"，它长约40～50米，在海底以每小时110千米的速度航行。在这件事情发生半年后，北约组织和挪威的数十艘军舰，在威恩克斯湾发现了一个

失落的海底文明

被称为"幽灵潜水艇"的怪物。这头胆大妄为的怪物，令舰队非常恼火，于是数十艘舰船同时朝它开炮。令人震惊不已的是，这头怪物在枪林弹雨中穿梭，如入无人之地。而当这头怪物浮上水面时，所有军舰上的无线电通信、雷达和声呐仪器全部失灵，直到它消失后才恢复正常。

在蔚蓝色的大海深处，难道真的有另一种人存在吗？关于这个问题，学术界多有争议。有人认为，"海底人"确实存在，它们既能在陆地上生活，也能在海洋里生活，是史前人类的另一分支。因为人类起源于海洋，在进化的过程中很可能形成水陆两个分支，陆地上的被称为人类；海底的则被称为"人鱼"。也有人认为，"海底人"不是人类的分支，它们是栖身水下的外星人，因为这些生物智慧和科技水平，已远远超越人类。

寻踪传说中的姆大陆

1868 年年轻的英国陆军上尉乔治·瓦特踏上南亚次大陆。他在一座破败的寺庙里，无意中发现了许多黏土片，上面镌刻着奇怪的符号。寺庙的住持说，这些土片是守护这儿的远古圣物。乔治感到非常惊喜，他意识到一扇通往未知世界的大门已经悄然打开。

乔治和住持花费了两年时间，解读黏土片上的符号，并说上面记载了关于一块消逝大陆的古老信息。乔治·瓦特说创作黏土片的作者是"神圣兄弟那加尔"，创作书板的原因是为了追思失去的母国——姆大陆。

后来，乔治·瓦特周游太平洋，寻找姆大陆的遗迹。1931 年，一本轰动世界的著作在纽约问世——《消逝的大陆》。此后，有关姆大陆的故事接二连三出版。正统的学术界一直对寻找姆大陆嗤之以鼻，认为这简直就是痴人说梦。不过也有人坚持认为，这是一种严肃的假说，而姆大陆就是人类文明的起源。

关于姆大陆，历史上有很多传说。传说中姆大陆是地球第一个大国，它的首都喜拉尼布拉和各大城市，都有整齐的石板大道和运河，城市干道和宫殿屋宇都用金属装潢，熠熠生辉，富丽堂皇。生活在这儿的姆人智慧极高，精于航海，还发明了飞船，他们前赴缅甸、印度等地，带回各种的奇珍异宝。

随着时间的推移，生活在姆大陆的族人分成了两个分支，一个是般度族，另一个是俱卢族。然而，般度族和俱卢族多年不睦，时常发起战争，原本绿意盎然、物产丰富的姆大陆最终也在两族的18天的鏖战中消失了。《摩诃婆罗多》记载：俱卢族的战士廓尔喀乘着快速的"维马纳"，向般度族的城池投下被神禁用的武器。这些武器酷似一支巨大的铁箭，使人感到置身死亡的深渊。在这支"铁箭"爆炸的瞬间，千万束白光乍现，烈火冲天，浓烟滚滚。突然整个大地都消失在黑暗之中。一阵旋风袭来，卷席着黑云怒吼、咆哮。黑烟遮天蔽日，人们见不到一点日光。

这支"铁箭"散发的热量，使大地和天空都变得热气腾腾。火焰遍布大地，大象在恐惧中拼命地奔跑。河流沸腾，百兽丧命，森林烈火熊熊，密集的火光如暴风骤雨般从四面八方落下。数以万计的车马被毁，般度族人也在这场战火中伤亡惨重。爆炸后幸免于难的士兵急忙跑到附近河流，清洗身上的衣服和武器。只要沾染这种武器，人们就会变得虚弱无比。

大神黑天曾作为调停人，以天神的名义禁止这种武器的使用，在违背天意后，人类遭到了天谴，于是人们将这些砸了个粉碎，扔到了海里。后来姆大陆也在爆炸中毁于一旦。

所有学者都认为，印度神话中称为"婆罗门"或"雷神火焰"的

森林遭遇的火灾

武器，只不过是诗意的夸张。直到全球都遭受核战影响时，人们才恍然觉醒，核大战很可能在数千年前发生过，还导致了文明被毁。

苏联学者格尔波夫斯基曾在著作《古代之谜》中，提及在恒河流域研究一具古人体残骸时，发现其体内的放射性物质比正常人高出 50 倍。而另一位著名物理学家弗里德里克·索迪认为："我相信人类曾有过若干次文明。人类存在时已熟悉原子能，但由于误用，使他们遭到了毁灭。"

为解开姆大陆之谜，乔治·瓦特周游太平洋数年，他曾在世界各地发现了超越当时文明的遗迹，比如塔普岛的石门、迪安尼岛的石柱、雅布岛的巨型石币，以及努克喜巴岛的石像等。乔治坚信姆大陆的存在不是神话，它的秘密就藏匿在深不可测、广袤无垠的太平洋海平面之下。

数年后，矿物学家威廉·奈本掘地 10 米，发现一座已经进入铸铁时代的印第安古城遗址，经过调查、分析这座古城是在 12000 年前毁灭的。与此同时，考古学家 HIA 在墨西哥城北发现了 2600 多块石碑，其中有一块石碑上记述这样的碑文："此圣殿是遵循守护神的代言者，我们伟大的君主——拉姆的旨意，修建在姆大陆开拓地，庇佑西方太阳帝国的使者。"不久后，人们在美洲大陆的尤卡坦半岛的神庙墙壁上发现了类似的碑文："这座建筑物是为了纪念姆，即西部大陆，灵魂大陆神圣的神秘发生的地点而建筑的。"

《人民日报》曾经报道，我国西北地区的大地湾遗址曾发掘出面积达 130 平方米的宫殿式建筑。经过分析，这种建筑的使用材料，与现代水泥极为接近，而大地湾遗址距今至少有 5000 ~ 7000 年的历史了。

海底城市究竟从何而来

在历史的长流中，曾经存在许多发达的文明和城市。遗憾的是，经过几千年沧海桑田的变迁，这些城市有的已经消失，找不到任何踪迹；有的沉没茫茫大海，从而形成"海底古城"。它们造就了一个又一个谜团，吸引着历代学者和考古学家，等待人类解开谜底。

17 世纪，牙买加皇家港口是加勒比海域重要的城市之一，它也因海盗盛行而臭名昭著。皇家港口曾被人们指责为"地球上最邪恶的城市"。不过这座令人恐惧、厌恶的城市，如今早已被大海吞噬。

当时，皇家港口位于牙买加的金斯敦海湾入口处，当地人口大约有一万人。生活在这儿的大部分都是海盗和恶棍，他们招摇撞骗、自甘堕落，靠劫持海上从西班牙往返南美洲殖民地的船只为生。不过，这座城市的灭亡并不是因为道德上的不堪，而是因为它建立在一片只高出海面 1 米的沙洲上。1692 年，一场地震袭击了皇家港口，整座城市的三分之二都沉入海湾，2000 多人丧失性命。当初建造的在牢固地基上的建筑物，如今都沉没深海之中。

300 多年来，无数学者和探险家对这座海底城市充满好奇，他们希望能够从中找到当初海盗的传奇故事。20 世纪 60 年代，一个考古学家来到此处探险并发现了一只怀表。怀表的指针精准地定格在 1692 年上午 11 点 43 分，这正是那次大地震发生的瞬间。

沉没的海底的古城不只是牙买加的皇家港口，埃及北海岸的尼罗河入海口也曾存在两座闻名世界的古城，它们分别是赫拉克利翁古城和东坎诺帕斯古城。公元前 5 世纪，希腊历史学家希罗多德曾在著作中

沉没海底的古城

描述，赫拉克利翁古城和东坎诺帕斯古城似乎是爱琴海上的两个岛屿。

考古学家从一块石板的文字中了解到赫拉克利翁古城的秘密。石板上刻着当时的税务法令，最后签署者为奈科坦尼布一世。奈科坦尼布一世是公元前380—362年间的埃及统治者。经过一段时间的分析，考古学家还确认了两座庙宇，庙宇里分别供奉着希腊神话中的英雄赫拉克勒斯和埃及主神阿门。在赫拉克勒斯神庙北方，人们还发现了许多青铜器。考古学家认为，这些青铜器应该是用于祭祀。在数千米之外，考古学家还发现了东坎诺帕斯古城的遗址。

在数千年前，这两座古城由运河、灌溉渠，以及现已经不存在的一条尼罗河支流相连。两座城市都建在河岸边的泥沙上，没有任何牢固的支撑和桩基。每当尼罗河洪水泛滥时，地基就会不断下沉，直到这两座城市被完全淹没。

1984年，人们在以色列海法附近的地中海海域中，发现了一个古老的村庄。这座村庄如今仍在水下保存完好，人类的尸骨一如往初躺在各自的坟墓里，一个奇怪的石圈仍然伫立在那儿，就像刚被竖立时一样。

它就是神秘、古老的亚特利特雅姆村落。据考古学家分析，亚特利特雅姆古村落大约沉没于公元前 7000 年，面积约 4 万平方米，是迄今为止发现的最古老的海底村庄。之所以将它定义为村庄而不是城镇，是因为它没有规划完整的街道。村民住的都是大型石头房，屋舍内还铺有地砖，家中还有庭院、火炉等设施。

亚特利特雅姆古村落已经长眠海底 9000 年了。1984 年，以色列海洋考古学家埃胡德·加利利在潜水探险时意外发现了它，并进行了考察。亚特利特雅姆古村落的发现，对人类了解新时期时代有着重要作用。加利利说："从村庄遗址来看，当时的人们正在经历人类上最伟大的一次革命。"

翌年，日本的与那国岛突然声名鹊起，探险家新嵩喜八郎在海岛附近的水下发现了一座巨型石材建筑结构。这座古城建筑沉没在水深 25 米处，它保留了许多壮观的阶梯和屋顶似的建筑结构。不过有些学者认为，这很可能是一座古城废墟。

日本琉球大学地质学家木村政昭对其进行一番考察和探究后发现，海底遗存了一个巨大的金字塔、一些城堡、纪念碑和大型运动场等建筑，而且它们都有道路相连。除此之外，他还发现了墙壁、水槽、石头器具和一个刻有古代文字的石板，这足以证明古代文明的存在。

木村政昭认为，这些建筑结构大约建造于 6000 年前，当时这个古老的城市还在陆地上。不久后，木村政昭又宣称这座古城可能建于 3000 ～ 2000 年前，因为当时的海平面已接近 20 世纪的水平。后来由于地质运动，这片土地才沉没于海水之下。

尽管这些遗迹争议不断，但毋庸置疑，它们都是地球上神奇的存在。时至今日，人们不需潜到海底深处，就能轻而易举地看到这些鬼斧神工的建筑。不管沉没海底的城池，还是古代悠久的文明历史，这些水下奇迹都成为等待人们研究、解惑的课题，相信不久的将来，人们就会揭开地球的秘密。

与那国岛海底的石头

20 多年前，一个潜水导游在日本与那国岛海域潜水时，无意间发现了一处古代废墟，这一消息很快被科学家得知。不久后，科学家们来到这片遗迹海域，经过多次考察后，人们在水下发现了 15 座建筑，其中包括一座城堡、一个凯旋门、五座寺庙和至少一个大型体育场等。在建筑与建筑之间，由道路和水道接连，还有一些巨大的围墙，整座遗迹大约有 13.5 平方千米。

这庞大的海底遗迹有很多别于其他建筑的特征。首先，整座遗迹都是由经过加工且非常巨大的石头砌成的，它的外形酷似金字塔，最大的石块长约 250 米，高约 25 米；它有斜坡一样的外墙，还有大角度的脚踏，考古学家推测，这很可能是供人膜拜的场所。此外，在众多石雕之中，屹立着一块造型独特的巨石，它大约有 7 米高，形似一张男子面孔，而且还有多双眼睛。人们在附近的海床上，还发现一块刻有巨龟的巨石。

有人认为，这座巨龟石就是日本家喻户晓的神话——蒲岛太郎故事里的巨龟。相传，在古代一个心地善良的渔夫，拯救了一只大海龟。大海龟为了报恩，就邀请他畅游海底王国。也有认为，海龟传说只是神话，根本不足为信。

考古学家还发现了一些钟乳石，认为钟乳石与古城一起沉入海底。根据它的年代推断，这座古城在海底大约沉睡了 5000 年。人们还在附近海岸发现了与遗迹相似的建筑，其中发现的木炭已有 1600 年的历史了。与那国岛所在环太平洋带，以频发地震闻名世界，因而科学推断，这座古城的沉没，很可能是遭遇了地震的袭击。

关于这座古城，日本还流传着一个传说。相传古时候，有位少年坐在立神岩上，突然海风汹涌袭来，当少年与岩石即将没入海中时，少年开始在岩上闭目虔诚祈祷，过了一会儿，他睁开双眼，发现自己已经坐在安全的陆地上。从此以后，立神岩就成为岛上的守护象征，附近的海域也成为有神灵出没的"神圣海域"。令人惊奇的是，琉球大学海底调查队曾在立神岩正下方，出土了高达数米的人头雕像，还有一些象形文字。此次发现恰好证明了万年前"古城坠海"的事实。

古代石器

事实上，除了与那国岛周边之外，在冲绳及日本本岛海域内也出现了古文明遗迹，而且都是由巨大的石头砌成的。由此可见，这些遗迹都是由同一个文明衍生而来的。比如，人们在与那国西边的西崎海域，曾发现有岩石砌成的大型金字塔，在金字塔的最上方，还有类似城门、回廊、瞭望台等建筑。此外，在城门的上方，还有清晰可辨的纹样。这一发现让日本考古界和历史界无比震惊。

有相关报道指出，人们在西崎金字塔附近还发现了古代石器和一些刻着文字的石板。有学者指出，西崎金字塔的造型酷似奈良飞鸟地区的"益田岩船"，但也很像相隔甚远的墨西哥玛雅文明的金字塔。有学者怀疑，这两者之间很可能存在什么渊源。遗憾的是，到目前为止，人们还没有发现其中的秘密。

关于西崎金字塔沉没的原因，科学家一致认为源于海水水平线的增长。大多数学者和太平洋的居民都相信，早在一万年前，地球正值最后一个冰河时期，海水水平线迅速升高，迫使海水涌入内陆地区，甚至将原本相连的中国和日本也都阻隔开来，而陆地上的许多文明城市也被卷入深海，西崎金字塔便是其中之一。

揭秘海底的金字塔

20 世纪 70 年代末，美国、法国以及其他国家的科学家，在大西洋的百慕大三角海域勘测时，无意间发现了一座无人知晓的金字塔。科学家们立即停下手上的工作，对这个新发现展开调查。这座金字塔耸立在汹涌的波涛中，它的塔边长约 300 米，高约 200 米，塔尖距离海面仅有 100 米。它比古埃及建造的金字塔更加雄伟、壮观。塔上有两个巨洞，涛浪以惊人的速度从巨洞中穿过，卷起狂澜，形成巨大的漩涡，使这一带水域骇浪滔天，雾气腾腾。

科学家们对此感到非常惊讶，海底怎么会伫立一座金字塔，它又是怎么建造的呢？一些学者认为，这座金字塔很可能是在陆地上建造的，只是后来发生了强烈的地震，它也就随着陆地沉没海洋了。也有学者猜测，这座海底金字塔会不会是长期生活在海底的亚特兰蒂斯人建造的？

有学者认为，数百万年前的百慕大海域，很可能就是亚特兰蒂斯人活动的根据地之一，而海面的金字塔就是他们的一个供应库。美国探险家曾拍摄到一张满是漩涡状的白光图片，有些人因此认为这座海底金字塔，可能是亚特兰蒂斯人吸引、聚集宇宙放射线的"能量场"，对这些放射物质进行聚积作用。

海底金字塔真的是远古时亚特兰蒂斯人建造的吗？它真的具有这样的神奇作用吗？科学家经过一段时间的考察和研究，发现这座金字塔并没有这种神乎其神的力量。显然它是人为建造的，而沉没海底的

深／海

Deep Sea

原因，更多人相信是因为地壳的运动或强烈的地震。不过，探险家拍摄的照片，科学家却没能作出合理的解释。

探索神秘的海底金字塔

早在古希腊时期，人们就对消失的亚特兰蒂斯帝国充满好奇，希望能够找寻到它的踪迹。时隔数千年，亚特兰蒂斯帝国始终如同一个神话，没有半点踪迹可寻。在百慕大金字塔被人们发现后，葡萄牙西部的亚速群岛海域也惊现一座金字塔。

20世纪下半叶，有个渔民在亚速群岛海底，发现了这座鬼斧神工的金字塔，它沉没在葡萄牙首都——里斯本西边，大约1500千米的海底。当时这名渔民利用声呐，在特塞拉岛和萨欧米格岛之间发现了这座高约60米、宽约8000米的海底金字塔。它沉没在40米深的海底，四面的棱线刚好对应东、南、西、北四个方向，和埃及吉萨的大金塔相似。

经过一番探索，渔民认为这绝对不是自然形成的。葡萄牙政府听闻此事后，立即派遣海军对该金字塔作进一步研究。

有人怀疑这座金字塔是"失落的帝国"——亚特兰蒂斯古城的遗迹；也有人提出，在大西洋另一端的巴西外海，也曾发现过海底金字塔，如今亚速群岛海域再现金字塔，两者之间很可能存在特殊意义，有学者称亚速群岛是北美、欧亚以及非洲三大陆的连接点。

尽管人们还没有解开海底金字塔的谜团，不过这也激励了考古学家和古文明研究者，迫使人们探索、解答地球的秘密。

Part 9

人类对深海的探索

海洋深不见底，在它的深渊之处发生了什么，我们不得而知。历代科学家、探险家，他们提出一个又一个看似简单，实则真知灼见的想法，研究出一项又一项造福人类的伟大发明，带领人们遨游在奇妙、神秘的海底世界，解答地球遗留给人类的重重谜团。

汤姆生和"挑战者"号探险

　　1830年，苏格兰林利斯哥的一个外科医生家庭迎来了一个新生命。父亲安德鲁给这个孩子取名为查尔斯·怀韦尔·汤姆生，对他寄予厚望。小汤姆生受父亲影响，一直向医学发展，安德鲁更是希望儿子能继承衣钵。小汤姆生16岁时，按父亲的要求考入医学院，这时他渐渐发现自己对医学并不感兴趣，他已经被自然界深深吸引。于是，汤姆生花了几年时间学习植物学、动物学和地质学。

　　汤姆生对自然界满怀热情，经过四年刻苦钻研，他已经学有所成，还收到苏格兰阿伯丁大学的邀请，希望他可以担任植物学讲师。接下来的20多年里，汤姆生在爱尔兰的很多大学担任动物学、植物学的教授。在此期间，汤姆生认识了一个名叫珍妮·拉梅奇·达沃森的女孩，不久后两人结为夫妇。

现代的苏格兰阿伯丁大学

当时汤姆生不仅对植物学、动物学有所研究，对海洋生物学也十分着迷，尤其是对深海中可能存在的海洋生物。当时科学技术还不发达，大多数科学家都认为在极其恶劣的深海环境并不存在生物，因此汤姆生的兴趣爱好显得格格不入。

有一位英国科学家也相信深海中不存在海洋动物，他就是爱德华·福布斯。1842 年，福布斯前赴爱琴海探险。他发现打捞得越深，打捞上来的动物数量就越少。因此，他推断在深海底下是个不毛之地，没有任何生物。

大多数科学家都和爱德华持相同观点，这是因为人们都知道，在 100 米以下的深海，没有一点阳光，而且所有生物都是直接或间接依靠光合作用生存的。不过，汤姆生并不这么想，他曾见挪威研究者从 5000 多米的深海打捞出生物与残骸，这更让他坚信福布斯的推论是错误的。不久后，汤姆生做了一份研究报告，他在《海洋与深度》一书中写道，"海洋是自然主义者的希望之地，是唯一的保留区，且拥有能够让人跃跃欲试的非凡趣味和无尽的新鲜事物。"

不久后，汤姆生遇到了一生的贵人——威廉·卡彭特，他是伦敦大学的生物学家，也是英国皇家协会的副主席。卡彭特觉得汤姆生的猜想不无道理，于是他引见汤姆生到英国海军部，并帮助他说服海军长官赞助其进行两次短期研究航行。海军部赞助了汤姆生探险队一笔不菲的资金，还将一艘名叫"挑战者"号的小型战舰送给了他。

"挑战者"号是一艘轻巡洋舰，它全长 70 米，重 2300 吨，主要靠风力推进，3 个桅杆上每个都挂有 4 面风帆。为以防万一，还配备了一个 1200 马力的蒸汽发动机。海军部对"挑战者"号进行了全面的改造，以便它能出色地完成新任务。为了给科学家、实验室、设备以及将来收集的标本腾出空间，舰上的 15 门大炮被拆除，只留下 2 门火炮。船舱也被改建成动物学和化学实验室，并在船上安置了各种

深／海

Deep Sea

实验设备。

1872 年 12 月 21 日，"挑战者"号从英国朴茨茅斯港出发了。它载着 240 名海军以及 23 个官员。乔治·斯特朗·内厄斯担任"挑战者"号的船长，他拥有丰富的海航经验，曾是海洋、陆地的测量员。汤姆生带领着 5 位科学家，船员们开玩笑说是 5 位"哲学家"。这 5 位科学家分别是：加拿大生物学家约翰·摩瑞、英国生物学家亨利·诺特德·摩斯里、德国博物学家鲁道夫·范以及苏格兰化学家和物理学家约翰·杨·布坎南和瑞士科学艺术家让·雅克·威尔德，他也是汤姆生的秘书。

经过两个多月的航行，"挑战者"号来到西北非附近的加那利群岛南大约 65 千米处，开始他们的探险工作。船员们将一根系着原木的绳子抛入水中观察原木移动的方向，并在一定时间内拉伸绳子的长度，以此测量洋流的速度并记录下来。此次探险研究最重要的工作就是打捞，船员们在绳索上系上一种打捞设备，随即将它沉没深海，当它装满东西时，船员就用小型的蒸汽引擎带动绞盘，将它打捞出来。"挑战者"号打捞上来的生物，不管是活的还是死的都要被详细记录，以便为日后研究所用。

接下来的漫长时间里，船员们反复做着同一件事情——打捞和记录。最初船上的每个人都热切地希望知道，又从深海中打捞出了什么稀罕生物，然而这种激情并没有持续太久，生物学家亨利·诺特德·摩斯里曾作出这样的论述：起先，当拖网打捞上船时，船上所有人员，不管年纪大小，只要抽得开身，就会围绕一圈，观看打捞上来的生物。渐渐地，这种枯燥而烦琐的工作让人们感到厌倦，随着新鲜事物的减少，围观的人群也越来越少，到最后只剩下几个科研人员。尽管这是科研人员必须做的工作，但长此以往人们也对打捞工作感到乏味和厌倦。

这次航行探险持续三年半，其间"挑战者"号调查了南北美、南非、澳大利亚、新西兰、中国香港、日本以及数百个大西洋和太平洋岛屿，远在欧洲的英国人民也对这次科研航海满怀期待。在航行期间，"挑战者"号曾两次误入南极洲的冰山群，船员们看见成群的企鹅在大西洋岛屿觅食、消遣。

在这三年之中，有10个人牺牲，其中包括德国的博物学家鲁道夫。长时间的航海生活使人们的身体状况很糟糕，几个船员得了疫症，鲁道夫是在照顾船员时不幸染病，不久后也撒手人寰。"挑战者"号航行至澳大利亚时，61名船员放弃了航行，他们在研究期间发现了金矿，财富更令他们着迷。

1876年5月24日，在进行了68890海里的航行后，"挑战者"号凯旋而归，回到斯皮特黑德。这三年间，科学家们从362个站点收集了大量信息，进行了492次测量水深的探通术测试、133次挖掘和捕捞，并在世界各地收集了563个箱子，里面装着2270个大玻璃瓶、1794个小玻璃瓶、1860个玻璃试管以及176个锡盒，这些都装存酒精浸泡的标本；另外还有180罐风干标本和22桶用木桶保存在盐水中的标本。

总之这次探险共收集了1.3万种不同的动、植生物，以及1441个水样本。1876年，维多利亚女王为表彰汤姆生为海洋科学做出的贡献，授予他爵位，英国皇家科学院也颁给了他一枚金牌。

皮卡尔德父子和深海潜水器

1884年1月28日，瑞士巴塞尔的一个富裕家庭降生了一对天才双胞胎，初为人父的朱尔斯感到非常激动，给这两个孩子分别取名简·菲利克斯·皮卡尔德和奥古斯特·帕卡尔德。

奥古斯特和菲利克斯的父亲是巴塞尔大学的化学系主任，他们的叔父在日内瓦拥有一家涡轮工厂，而他们的祖父是巴斯阿尔的专员，可能就是这样的渊源，才让他们两兄弟成就了一番伟大的事业。

这对孪生兄弟天资聪颖，成绩也十分优异。数年转瞬而逝，两人一起进入苏黎世联邦学院学习，只不过简·菲利克斯主修化学工程，而弟弟奥古斯特主修机械工程。1907 年，他们一起获得了博士学位。

1906 年冬天，奥古斯特打算去深海探险。于是他绘制了探险家乘坐球形机器遨游深海的图纸。他设计的这个机器，拥有结实、坚固的球壁，与 20 年后奥蒂斯·巴顿所做的一切惊人相似。不同的是，奥古斯特不准备用一根铁索来升降铁球。早在 18 世纪，人类就利用热气和氢气使气球载人升空，所以奥古斯特认为，只要机器系上一个像热气球一样的漂浮物，就能利用它来升降铁球了。

然而在奥古斯特获得博士学位后，他和简·菲利克斯一样，开始着迷研究地球高层大气层的各种宇宙射线和高能亚原子微粒。1913 年，兄弟二人开始进行热气球飞行。不久后，第一次世界大战爆发了，两兄弟参了军，加入瑞士军队的气球军团，飞到高空监视敌军的行动。一年后，兄弟两个结束服役。回家不久后，简·菲利克斯继承了父亲的衣钵，成为一名化学教授，不久移民美国加入美国国籍，成为明尼苏达大学的教授，在 1960 年去世了。而奥古斯特则一直在苏黎世联邦学院教授物理学，帮助挚友爱因斯坦，测量宇宙摄像的辐射，并获得了发明家的荣誉。

1922 年，奥古斯特移民比利时，并在那儿继续任教。不久后，他的妻子为他生下一个儿子并取名雅克·皮卡尔德。接下来的十年里，奥古斯特和德国科学家保罗·基普弗发明了一个氢气飞行器，成功飞上 16000 米的高空。到 1937 年为止，奥古斯特共进行了 27 次高空飞行。

1937 年，实现了翱翔高空梦想的奥古斯特，将注意力又转到了海洋探险上，他将设计的氢气球原理运用到海洋探险计划中，并设计出了深海潜水器。比利时科研基金非常支持奥古斯特的计划，并资助了他一大笔制作费，因此奥古斯特将他的第一艘深海潜艇取名为"FNRS-2"号。

历时几年，一个由铁铸的直径约 2 米、重达 10 吨的深海潜水器竣工了。它拥有 9 厘米厚的球壁，可以承受每立方厘米 843.6 千克的压力。遗憾的是，时隔不久第二次世界大战打响了，奥古斯特的潜水器计划只能暂时搁浅。

20 世纪 40 年代，战乱渐渐平息，奥古斯特再次开始他的研究工作。1948 年，"FNRS-2"号进行了第一次无人潜水实验，不过潜水器只能潜下 1394 米，这与奥古斯特的预期相差甚远。1950 年，奥古斯特担任海军部顾问，并对"FNRS-2"号进行了改装，但奥古斯特和海军官员相处得很不愉快，所以一年后，他就从海军部离职了，其他的科学家完成了"FNRS-2"号，并将它改名为"FNRS-3"号。

在潜水器里看到的海底

这时候，奥古斯特的身边出现了一个得力帮手——他的儿子雅克。雅克从小就看父亲执行各种计划，耳濡目染，这让他对探险很感兴趣。1946年，雅克获得了日内瓦经济学的博士学位，后来他到大学里任教，不过很快他就发现自己真正热爱的是对深海的探险。于是，雅克辞去了教师一职，整天和父亲一起工作。

起初，皮卡尔德父子并没有足够的钱继续制造潜水器，后来他们得到瑞士和意大利的个人资助，建造了一艘新的深海潜水器，并将取名"的里亚斯特"号，以此纪念向他们提供帮助的海滨城市。

"的里亚斯特"号建成后，皮卡尔德父子驾驶它进行了一次水下航行，他们来到3151米的深海，开创了潜水纪录。遗憾的是，这是奥古斯特第一次潜水，也是最后一次。当时奥古斯特已经年迈，在完成这次实验后，他就辞去了比利时的教职，回到了瑞士。

雅克的运气显然没有老皮卡尔德那样好，尽管"的里亚斯特"号潜水取得了成功，但还是得不到资金支持，这让他没法继续进行潜水器的开发。1955年，雅克在伦敦举行的科技会上认识了志同道合的美国地质学家罗伯特·迪茨。罗伯特回到美国后，联络了许多科学家，筹集对潜水器研究的资金。1957年盛夏，美国海军在地中海资助"的里亚斯特"号一系列潜水，以此来检测它的性能。美国海军对"的里亚斯特"号非常满意，次年他们以25万美元的价格收购了"的里亚斯特"号，并将它运回了美国。不过美国海军承诺，在执行深海潜水时，可以让雅克驾驶，于是雅克也以顾问的身份一起来到了美国。

1960年1月23日，雅克和海军中尉唐·沃尔以及几名科学家一起乘坐"的里亚斯特"号潜赴马里亚纳海沟探险。当潜水器下到9875米处时，潜水器突然发生了剧烈的摇晃，随后19厘米厚的右舷玻璃上，出现了一道细微的裂痕。尽管他们都知道这次探险将凶险无比，众人还是决定继续下潜。最终，"的里亚斯特"号来到马里亚纳海沟的最深处，他们在海底待了 20 分钟后，就赶快驾驶潜水器上浮，3 个小时后潜水器来到安全海域。

皮卡尔德一家三代都具有冒险精神，雅克的儿子伯特兰也创下航行纪录——驾驶气球航行 20 天。自 20 世纪 60 年代的深海探险结束后，雅克便开始着力于深海探险研究，他还设计出了 4 艘深度不同的水下潜艇，其中一艘还曾承载数万乘客在水下遨游。晚年的雅克·皮卡尔德热衷于保护海洋及其生态，并在 20 世纪 70 年代成立了海湖研究保护基金会。

哈里·赫斯和板块构造理论

1906 年 5 月 24 日，哈里·哈蒙德·赫斯出生在纽约的一个富足家庭，他的母亲是伊丽莎白·赫斯，父亲朱利安·赫斯是纽约证券公司的一名职员。从小生活优越的哈里·赫斯并没有玩物丧志，他心怀梦想，喜欢新奇事物。

1923 年，赫斯进入耶鲁大学。起初他主修电力工程，后转入地质系，并在 1927 年获得该专业的学士学位。两年后，他在罗得西亚（即现在的赞比亚）北部的英美矿业公司担任地质勘测专家。

不久后，他回到美国开始在普林斯顿大学攻读研究生课程，并在 1932 年获得了哲学博士学位。毕业后的哈里·赫斯回到新泽西州，在那儿一所大学任教，一年后他又在华盛顿的卡内基研究院进行了一年研究。

哈里·赫斯在 28 岁那年，认识了温婉可人的安妮特·彭斯，并深深爱上了她，不久后两个人举行了婚礼。在接下来的数十年里，哈里·赫斯的生活简单而平淡，他一直在普林斯顿大学任教，并在这里度过了一生。

1934 年，世界各地动荡不安，战争一触即发。哈里·赫斯以海军上尉的身份，加入了海军预备队。时隔不久，第二次世界大战爆发，上级派遣他到纽约市工作，并授予他测定德国潜艇位置的任务。但哈里·赫斯并不喜欢办公室工作，于是他发出请求，希望能将他调到海上。10 年后，哈里·赫斯成为了"约翰逊岬角"号的海军官员，不久后，他成为这艘船的船长。

"约翰逊岬角"号是一艘太平洋军人运输船，船上还装有回音测深器设备，通过这个设备，可以向水下发送电波，利用声响设备测量回声返回所用的时间，就能得知海面到海底的距离。安装该设备的目的是防止船只进入浅水区。不过赫斯下令，只要船只航行，就得打开探测器，这样就可以形成连续的海底剖面图。不仅如此，他还获取了马里亚纳海沟的测深数据。

1945 年，通过回音探测器，赫斯发现了平顶的海底山脉，并用普林斯顿第一位地质学教授阿诺德·亨利·吉欧的名字将其命名。赫斯认为，这些海底平顶山都是死火山。他猜想这些山脉曾经高于水面，只是后来海水的侵蚀将山顶磨灭，这才沉没在海底。这些山脉距离海面有 2000 米，也是它们让赫斯明白，这个地质特征将会给地质学界带来极大的改变。

战争结束后，哈里·赫斯回到普林斯顿，他一直思考水下平顶山和大洋中脊的问题。赫斯发现，离平顶山越远，太平洋中脊的山脉所处位置就越深。1957 年，赫斯听取了布鲁斯·希森对全球大洋中脊和峡谷的描述，之后他就开始思考，这个发现将会在多大程度上影响人们对地球发展的认识，尤其是阿尔弗雷德·魏格纳受到全世界反对的大陆漂移理论。

阿尔弗雷德·魏格纳是德国地球物理学家、气象学家，他在 1912 年提出"大陆漂移学说"，他认为大陆在坚固的海底上进行，而地质

海洋峡谷

学家反对这种论点。直到 1959 年，在充分了解有关平顶山的知识后，赫斯得出了一个不同的结论：海底本身就在移动。

赫斯认为，海洋峡谷是地壳上的薄弱点，所以地幔中的熔岩、岩浆从这里沸腾喷发。认为就像沸水导致翻滚的水流一样，地幔中的对流运动促使岩浆上升。他说："当岩浆凝固以后，它会将已有的海底推裂开来，并在裂缝的两边形成两个山脊。这两个山脊通常都在海洋中部，因为海底相反的两个方向受到的推压速度相同。"

地质学家希森也认为这是地壳产生的方式，不过他觉得地球会慢慢变大。赫斯并不同意他的观点，赫斯认为最古老的海底地壳会沉入海沟，然后从这里再次被吸收入地幔。因此，地壳就像是在一个传送带上，凭借上升和下降对流产生的动力，日夜不停地来回于地幔和地球表面之间。

赫斯是第一个完整描述地壳运动周期的科学家，他的传动带理念很好地回答了反对大陆漂移理论的责难。1962 年，他发表了一篇正式文章《海盆的历史》来表达这个思想。他在书中写道："大陆是不会被未知的动力推动在海底地壳上行进的。相反，它们会在地幔上自主地移动，比如它们先来到山脉顶部，然后再向两边水平移动。"赫斯解释道，大陆之所以会在海底上移动，是因为大陆由岩石组成，而它比形成海底的火山玄武岩要轻。

美国海军研究部的地质学家罗伯特·迪茨和他持相同观点。迪茨将他的理论称为"海底扩张"学说。1960 年和 1961 年，赫斯和迪茨两人先后发表了这个理论，就这个理论而言，它为赫斯带来了更多的荣誉。

赫斯将自己的海底扩张理论称为"地质史话"。与海底平顶山的定位相比，支持这一理论的证据较少，不过赫斯并没有放弃探索。在 20 世纪 60 年代，赫斯在不同领域为理论提供了证据。其中一个证据是著名的"地磁震荡"。1963年，英国地质学家里克·万恩和他的导师德鲁蒙德·马修斯在印度洋发现了磁性条纹，并在9月发表了一篇题为《海洋山脊上的地磁异常》的文章，文中写着："与此一致，实际上，它是当今海底扩张思想和地球磁场周期翻转理论的引申……海洋山脊中心的海底主地层，如果它形成于地幔中的上升对流之上，它就归会被磁化且磁性方向与地球磁场方向一致……一旦发生海底扩张，这些或是正常的磁极或是已经翻转的部分，都将会从海底山脊中心退离，它的退离方向将与山脊顶部平行。"

几乎与此同时，加拿大地质学家劳伦斯·莫里也提出了和万恩、马修相似的理念。起初，所有地质学家都不相信这个假设，他们对海底扩张或磁极翻转的存在表示怀疑。直到后来科学家们在不同海岭都发现了磁条存在，人们这才相信了海底扩张、磁极翻转的学说。

1967年，赫斯和万恩的同事地质学家詹森·摩根，将这些理念进行了综合，提出了板块构造理念。他将地壳分成7大块和12小块，构成了陆地部分。摩根认为，这些板块会自己移动，并和对方相互碰撞，这时地幔中的岩浆就从裂缝中喷射出来，从而形成新的海底山脊。尽管学者们起初对该理论提出质疑，但板块构造理念确实是毋庸置疑的。

罗伯特·巴拉德及水下探险

1942年出生的罗伯特·杜南·巴拉德从小在海边长大，他的父亲切斯特·巴拉德是一个工程师，在航空航天局工作。罗伯特出生不久后，父母就带着他们的3个孩子搬到了加利福尼亚的圣迭戈。当时正值"二战"，即使在第二次世界大战结束后，圣迭戈也到处都是海军，所以罗伯特从小就听说了很多大海的故事。

长大后的罗伯特对大海的热情只增未减，当他看了儒勒·凡尔纳的小说《海底两万里》后，就希望以后能成为像书中尼莫船长那样的探险家。从那以后，他就开始钓鱼、冲浪、潜水，在十几岁时就学会了用水下呼吸器进行潜水。

后来罗伯特给位于拉霍亚的斯克利普斯海洋学中心寄了一封信，询问如果想更了解海洋应该做些什么。斯克利普斯的海洋学家诺里斯·雷克斯多看了信后深受感动，在他的帮助下，罗伯特参加了1959年斯克利普斯海洋中的举办的夏令营。这次活动更坚定了罗伯特成为海洋学家的信念。

心怀梦想的罗伯塔，从他17岁的时候就开始海底探险，为成为一名真正的海洋学家做准备。在选择大学时，斯克利普斯的一位科学家建议他选择加州大学圣巴巴拉分校，后来罗伯特在那儿完成了本科学业。他主修了化学和地质学，并拿到了双学位。

在大学期间，罗伯特被要求到海军服役，不久后，海军部长任命他为联络官。在罗伯特还是一个年轻的海军军官时，他抓住一切可以探索海洋的机会，尝试各种深海航行器。1969年，他乘坐"本·富兰克林"号潜水器，在湾流下进行了一个月的航行，这也是他的第一次海底航行。

在罗伯特参与的众多海洋探险中，有一次海洋探险让他对生物学产生了影响。不过好笑的是，罗伯特本人对这一领域并不感兴趣。那是一个风和日丽的早晨，罗伯特和杰克·克里斯、俄勒冈州大学的提杰尔德·范安德尔、驾驶员杰克·唐纳利钻进一艘名叫"阿尔文"号的小型潜水器，他们要潜到加拉帕戈斯海沟，去探索大海的奥秘。要知道，在全世界四五十亿人口中，只有极少数人才能这样。

达尔文曾在加拉帕戈斯岛受到启发，提出著名的自然选择进化论。而罗伯特一行人此次探险的目的就是潜到大洋中脊，收集火山活动的第一手资料。1977年2月，"阿尔文"号进行了潜水。当潜水器潜到水深 2440 米处时，罗伯特和伙伴们突然感到水温上升，就在这时，他们发现自己被一群奇怪的生物包围。在漆黑一片的深海，罗伯特四人通过潜水器的灯光，瞧见到处生长着紫色的海葵、像粉色蒲公英一样的球体、短小尾巴的虾、全身白色的螃蟹，还有巨大的蛤蜊和贻贝。

一直以来，人们认为在遮天蔽日的海沟中是没有生物的，像这样的深海绿洲从未被报道过。尽管潜水器上没有生物学家跟随，但罗伯特和他的伙伴明白，当他们发现这些奇异生物时，一个伟大的生物学发现已经完成。麻省理工学院地质学家约翰·埃德蒙这样形容科学家们的感受："这就像和哥伦布一起航行一样。"

紫色的海葵

后来科学家们进行了多次潜水，当潜水器来到海底时，四周烟雾迷蒙、云雾缭绕，好似置身仙境。科学家发现，这些雾气来自海底洞涌出的热水，它们就像火山喷发一样，从洞穴口涌出，因而科学家称这种现象为"海底热泉"。在洞穴口，科学家们还发现了许多动物种群，这些动物有螃蟹、贻贝，还有一种巨大的蠕虫。这种蠕虫长着白色的管状嘴，嘴中伸出几条柔软的、血红色的触角，这些触角高达 2.4 米。

科学家们对这些动物如何能生活在海底感到十分好奇，它们是靠什么汲取营养的呢？不久后科学家们就找到了答案。他们把"阿尔文"号潜水时捕到的生物带回了海上，这些动物散发出像鸡蛋腐烂的臭味，经过检测发现，它们体内存在氢化硫气体，海底喷出的热泉也有同样的臭味。经过多次实验，科学家发现海底热泉的洞穴口附近，遗存许多沉淀物，而且还富含了丰富的矿物质和贵金属，比如金、银、铜、铁、锌等。在洞口边缘还有大量细菌，而这些微生物正是海底动物的食物源泉。这一重大发现，使人们对地球生物有了新的认识，也让科学家们开始思考，外星球存在生物的可能性。

"阿尔文"号结束这次探险后，罗伯特写了一本名为《探险》的自传，在书中他描绘了海底绿洲的景象："突然，在我们的探照灯下出现了一大片橘粉色的蒲公英，它们的头部蓬松，头顶细小的花丝网随着阿尔文号的压力波左右摇摆。形如枕头的熔岩上，布满了厚厚的贝壳，这些贝壳向外突出，有些足有半米长……当我们把表层的一些蛤蜊打开时，所有人都大吃一惊，贝壳里面的肉呈现一种非常营养的肉红色，就像刚刚切下的牛排一样。"

20世纪70年代，对机械感兴趣的罗伯特设计出一台名叫"杰森"的机器人。"杰森"是一台小型机器人，它拥有一个摄像头和一个机械臂，它曾被绑在"阿尔文"号上下潜深海，拍摄了大量清晰的海底照片。这时候的罗伯特心里萌发出一个念头，他想要通过遥控潜水器找到20世纪最有名的失事船只——"泰坦尼克"号。1985年8月，罗伯特乘坐"科诺尔"号研究船开始了寻找"泰坦尼克"号之旅。经过一年多的航行，"科诺尔"号终于抵达"泰坦尼克"号的失事地点并找到了沉船位置。在航行期间，罗伯特还设计了一款更小型的摄影装备——"小杰森"，他将它比作一个"会游泳的眼球"。

"小杰森"在罗伯特的指挥下，落到泰坦尼克号的楼梯上，并拍摄下珍贵的影片和大量照片，如一只男人的鞋子、一个残破的洋娃娃。后来，罗伯特还勘测了好几艘失事沉船，有第二次世界大战中沉没海底的德国战舰"俾斯麦"号、被德国潜艇击沉的豪华邮轮"卢西塔尼亚"号、第二次世界大战时期在太平洋被击沉的"约克镇"号。1997年，他在地中海又勘测到了8艘罗马时期沉船，不久后，又在以色列的地中海附近发现了两艘时代更久远的沉船。

1999 年，罗伯特成立了自己的研究机构——隶属于康涅狄格州斯堤克斯的米斯蒂的水族馆。探测所的探险活动由罗伯特和其他成员发起，他们利用载人潜水器、机器人以及图像系统在深海探险，将海洋考古学的范围扩展了深海领域。

约翰·德莱尼和海底火山

地球上的火山有 500 多座，其中海底的火山就有 70 余座，占全世界活火山数量的 13%。海底火山的分布很广泛，大多数海底火山都分布在大洋中脊和太平洋周边。太平洋中的火山占有一半以上。这些火山中有的已经衰老，有的正处于活跃时期，有的则在休眠，不知什么时候苏醒。

1941 年 12 月 7 日，日本偷袭美国珍珠港海军基地。约翰·R. 德莱尼就出生在这场可怕爆炸的第二天，他的父亲是一个海军机械师，所以德莱尼一家都生活在兵马战乱的城市。

少年的约翰喜欢运动，高中时他曾因棒球表现出色获得了哈伊大学的奖学金。后来约翰来到哈伊大学就读，也是这时他深深喜欢上了地质学，并在 1964 年获取了地质学的学士学位。毕业后的约翰在一家矿业公司做勘测员，好为以后的学业赚取学费，后来他分别在弗吉尼亚大学和亚利桑那大学攻读硕士和博士学位。

在博士研究生期间，他曾到厄瓜多尔附近的加拉帕戈斯海沟进行研究调查，这次旅行使他的研究兴趣发生了转变。他在岛上的火山附近生活、工作了半年，他对火山研究非常感兴趣，并把它作为自己的主攻方向。

1977 年，约翰博士毕业并在华盛顿大学海洋学院教授海洋地质学和地球物理学。三年后，他乘坐"阿尔文"号潜入大西洋中脊，这次经历让他意识到，他不想成为一个实验学者，而是想亲自对海底火山进行勘测和研究。

1991 年 4 月，"阿尔文"号上的科学家在墨西哥海岸附近的东太平洋隆起中发现了刚刚分出的枕状熔岩，里面还混合着管虫和其他动物烧焦的尸体。约翰得知这个消息后非常兴奋，遗憾的是科学家只在那儿收集到一点数据，因为大海中弥漫着大团白色生物，它们就像从熔岩口钻出的巨大翅膀一样。科学家推断，几天前这里发生了火山爆发。

两年后，太平洋海洋环境实验室的科学家克里斯多夫·福克斯和他的同事们，利用声音侦测系统探测到胡安·德富卡山脊有地震活动。这个消息让约翰十分兴奋，因为他知道，这样的地震预示着海底火山爆发。于是约翰想尽办法，成功说服在地震点附近研究的海洋学家，放弃此次研究机会。

不久后，约翰和华盛顿大学的两位同事，获得了乘坐"阿尔文"号潜入勘测地点调查的机会。和之前的科学家一样，约翰的研究团队也在新生的熔岩附近，发现了大块的疑似细菌的团状物。他们捕获了一些浮游生物带回到海面，母舰上的微生物学家将它们培养在器皿中，并成功进行了鉴定。

数月后，约翰和其他科学家们已经证明，这些热液口的生物根本不是细菌，而是一种更古老的生物纲，即古菌。早在 1977 年，伊利诺伊大学的生物学家卡尔·伍斯就对古菌进行过描述。古菌是地球上最古老、原始的生物种群，它和普通细菌相差甚远，已知的古菌大多生长的环境都极其恶劣，比如比沸水还要高的水温或没有氧气、富含氢化硫等其他硫化物，这样的环境对其他生物来说是致命的，但这些古菌却可以生存。

神秘的海底火山

　　约翰和很多科学家都相信，地球上的第一个生命体很可能就是深海古菌这样的生物。科学家认为，在地球形成初期，海底裂口和火山附近很可能就存在生命，因为那时火山活动要比现在频繁得多。20世纪80年代，雅克·柯利斯、萨拉·霍夫曼和约翰·巴罗斯首先提出了这个观点，后来他们都在俄勒冈州立大学教学。

　　自1979年，约翰和其他几个科学家对在海底发现的黑烟囱很感兴趣。1991年，约翰在胡安·德富卡山脊，发现了世界上已知的最大的黑烟囱，足足有15层楼那么高。20世纪90年代，日本曾上映了一部名叫《哥斯拉》的电影，里面的怪物哥斯拉肥胖、丑陋，最终因体重而崩溃，许多大型黑烟囱也因此爆炸，喷出大量黑浓浓的烟。于是，约翰便以影片中的怪物命名这座黑烟囱。

　　1998年，约翰和美国自然历史博物馆的埃德蒙·A.马兹领导了一次探险，将黑烟囱几乎提升到了海面，对黑烟囱的结构进行分析和研究。探险结束后，约翰说："严格来说，我们得到了我们想要的东西。"研究小组的另一位成员巴洛斯也很赞同，他告诉记者，"从这些黑烟囱中，我们获得了有史以来最多、最好、最容易分析的样本。对我来说，这次探险十分美妙，就好像登上火星，在那里发现了水源和生命。"

2000年，约翰·德莱尼开始了新工程，他决定在东北太平洋建造一个水下网络试验系统。太平洋水下网络试验系统得到了美国、加拿大政府的资金资助，但是从2005年开始，美国政府就停止了资助，不过加拿大却一直提供赞助，直到项目完成。其实约翰并不是第一个打算建立水下海洋观测网的人。在20世纪50年代，伍兹霍尔海洋研究所的科学家亨利·斯托梅尔就曾设计了一个系统，和约翰设计的东北太平洋网络观测系统一样，这个系统的作用也是为了记录海洋数据流。不过，斯托梅尔网络没有东北太平洋网络试验的工程复杂，它被叫作水电站，建在百慕大东南海域。

辛迪·凡多弗和水下光线

在"阿尔文"号的众多驾驶员中，有一个人十分特别，她是里面唯一的女性，也是唯一的科学家，她就是辛迪·凡多弗。

辛迪·凡多弗于1954年5月16日出生在美国新泽西州的雷德班克，之后在那儿的海边长大。她的父亲詹姆斯·K.凡多弗是个电子学技师，她的母亲弗吉尼亚·凡多弗则是家庭主妇。辛迪·凡多弗受的教育和其他孩子并没有两样，只是在她心里有个非比寻常的梦想。在辛迪小的时候，她就对大自然充满热情，她喜欢观察鸟类、昆虫、花草、树木，尤其喜欢夏天的海滩。

夏天的海滩

　　20世纪60年代末，上初中的辛迪读了"阿尔文"号探险的故事，从那时起，她就梦想能够乘坐"阿尔文"号潜入深海，解读海洋的秘密。这个梦想在别人看来简直就是天方夜谭，不过辛迪明白，即便这个梦想比登月还难，她也要努力实现。

　　高中时候，辛迪的成绩并不拔尖，就连她的辅导员也说她"不是上大学的料"。尽管如此，辛迪也没有放弃，反而越挫越勇，她经常去尝试完成别人认为她做不到的事情。后来她如愿考上了罗格斯大学，并在1977年获得了罗格斯大学动物学学士学位。后来，她向伍兹霍尔海洋中心和麻省理工学院递交了申请信，她希望可以得到别人的赏识。不过，令人遗憾的是，她并没有被录用。

　　这次打击让辛迪·凡多弗失去了方向，接下来的几年里，她都在各种各样的机构做技术人员。她做过很多工作，包括研究刚出生的小螃蟹、翻译俄语文章等，尽管这些工作都不是她的梦想，但她还是努力去实现自己的价值。1982年她完成了第一次海洋探险，并开始重新考虑自己的学术发展。

　　在参加这次探险之前，辛迪听说科学家在深海热液口发现了新的螃蟹品种，这让她感到很惊喜，她希望可以通过这次探险，发现更多新奇的物种。在一个科学家的推荐下，她获得了一个研究职位，开始了这次深海探险之旅，他们的目的地是东太平洋海岭火山口。也是这次探险，辛迪第一次见到了"阿尔文"号，不过她却没能如愿地乘坐这艘潜艇下海。这次探险更坚定了辛迪的信念，探险结束后，她在《章鱼的花园》中写道："当旅行结束时，我知道，我再也无法回到过去的生活中去了。""我受到鞭策：我需要对海底和它的生态圈有更多的了解。"

辛迪再次回到学校，她来到洛杉矶的加利福尼亚大学学习系统的专业科学理论，因为这是她之前匮乏的。1995年，辛迪取得生态学硕士学位后，再次向伍兹霍尔海洋学中心和麻省理工学院研究生计划递交了申请。不同于上次，辛迪如愿被接受了。

不久后，辛迪获得了乘坐"阿尔文"号下海探险的机会，这是她的第一次潜水并第一次看到了热液口。这个被称为"玫瑰园"的热液口，曾是加拉帕戈斯海沟最壮观的地点之一，但当辛迪看到它时，原本生长在这里的巨大红尾管虫已经被残破的贝床取代了。这一变化令辛迪十分疑惑，于是她决定将这儿的生态系统作为自己的研究课题，也正是这一课题成就了她的事业。

在研究热液口生态系统时，辛迪发现了许多长约5厘米的虾，不同于浅水虾的是，它们缺少同类虾该有的眼柄，因此将它们命名为"喷口盲虾"。经过一段时间的研究，辛迪发现这些"喷口盲虾"并不像她最初想象的那样没有视觉器官。

辛迪通过热液口的录像带发现，有两条光线从上面照射下来，打到"喷口盲虾"背部的三分之一处。在收集的样本中，这些光线已经消失不见，但辛迪还是对光线位置进行了检测，并发现了两个条状身体组织，这些组织与一大条神经相连。这个发现让辛迪猜想，这个身体组织很可能是一个官能器官，也就是"盲虾"的眼睛。

为了寻找这个疯狂想法的证据，辛迪将这种虾的样本送到了纽约的锡拉库扎大学，那儿有一位研究无脊椎动物眼睛的专家——斯蒂文·张伯伦。斯蒂文用显微镜检测时，在这些器官中发现了与眼睛类似的特性。之后，辛迪又将一些虾组织交给了艾迪·肖茨，他是伍兹霍尔海洋中心的感官生理学家，在这些虾的组织中，肖茨发现了一种化合物，它吸收光线的方式和大多动物眼睛里的视紫红质相同。

之后的几年里，斯蒂文和他们的同事对虾器官进行了更多的研究。最终得出了结论，这些器官就是"喷口盲虾"的眼睛。斯蒂文认为，这些生活在热液口周围的虾是以细菌为食的，在捕食这些细菌时，它们利用这些器官去确定自己的位置，避免它们靠热液口太近或太远，因为热液口的温度相当高。科学家还在热液口附近的另一种虾和螃蟹身上也发现了类似器官。

1988年，辛迪听说华盛顿大学水下火山研究专家约翰·德莱尼，将在6月乘坐"阿尔文"号进行潜水，目的是为了检测一种小型摄影机器人。于是辛迪请求约翰，在距离热液口48厘米时关闭所有灯光，让摄像机对准这个热液口拍摄10秒。不久后，"阿尔文"号开始回航。在母舰"亚特兰蒂斯II"号焦急等待的辛迪收到了约翰的短信："热液口发光。"辛迪曾在《章鱼的花园》记述道：

"我本以为会看到一些若隐若现的光点，可能只有把图像放大，才能看到它们散发出的光……但事实相反，屏幕上出现了醒目、明确的光线，而且在硫化物烟囱和喷出的热水之间，有一道界限分明的边界。"

后来人们将这光线命名为"凡多弗之光"，并在许多热液口周围都发现了这样的光。

"盲眼"虾的发现让辛迪获得了博士学位，为了追寻自己的另一个梦想，辛迪毅然中断了自己的科学生涯。辛迪的这个梦想近乎疯狂，她不满足于每年乘坐"阿尔文"号进行1～2次潜水，她想要每天都能探访海底，于是她决定成为一名潜艇驾驶员。辛迪在采访中这样解释道："我是一个生态学家，而作为一个生态学家，你会希望置身于自己所研究的环境之中。"

经过 9 个多月的培训和一系列的面试，辛迪终于成为了一名驾驶人员。作为唯一的女驾驶员，她并没有受到其他同事的赞美，反而处处遭受刁难和为难，尽管如此，辛迪依然坚持了下来，成为驾驶员里唯一的女性和科学家。

威廉·贝比和深海潜水球

查尔斯·威廉·贝比是世界上最早的地质学家之一，也是一个探险家科普作家。他生于 1877 年的纽约，在新泽西的东奥兰治度过了他的童年。贝比从小就对大自然充满热爱，经常和伙伴们一起收集鸟蛋、化石、昆虫等其他动物标本。而引导查尔斯的不是别人，正是他的母亲——海丽塔·内蒂·扬布拉德·贝比。海丽塔曾带儿子参观了纽约新建的巨大的美国自然历史博物馆。贝比的父亲查尔斯·贝比是一家纸业公司的流动销售员，所以他很少在家。贝比常常会写信给父亲，描述他的各种奇遇。

贝比非常聪慧而且很勤奋，他的成绩也名列前茅，因此当他高中毕业时，以"特招生"的身份被哥伦比亚大学录取。遗憾的是，贝比的大学生涯只有 3 年，因为学分的关系他没有获得学位。

亨利·费尔菲尔德·奥斯本是贝比在哥伦比亚大学的导师，他也是动物学系主任和美国博物馆、纽约动物协会的主席。当时，奥斯本很受学生的欢迎，1899 年他推荐贝比担任纽约动物园鸟类馆馆长，并得到了动物园负责人威廉·T. 霍纳迪的同意。不久后，贝比在这里工作，3 年后成为鸟类馆馆长并和一位弗吉尼亚富有家庭的千金玛丽·布莱尔·莱斯相爱结婚。

贝比的事业风生云起，但他并不想把所有的精力都投注到鸟类馆上。这时候，他开始组织探险，观察野外生活的鸟儿并为动物园带回了许多标本。霍纳迪很反感贝比如此频繁的离开，但奥斯本却很支持他的探险精神。

1904 年，贝比和妻子来到了墨西哥，开始了他的第一次探险之旅。在他们返回的途中，贝比和妻子开始了他们的新职业：书写探险经历。一年后，贝比出版了《两个鸟类爱好者在墨西哥》，后来她的妻子也成为一个畅销旅行书的作家。1908 年，贝比夫妇以委内瑞拉的旅行为蓝本，又出版了一本旅行书。只是好景不长，随着时间的推移，贝比夫妇的感情也出现了危机，1913 年两人高调离婚。

在以后的 20 年里，贝比作为探险家和作家在世界闻名。他领导了多次探险，足迹遍及南非、亚洲和世界其他许多地方。1919 年，他在动物协会成立热带研究部并担任负责人，后来他又在南美洲的一个国家建立了热带研究部的第一个研究站。

有一段时间，生物学家都只能研究动物园、博物馆的标本或动物，但贝比坚持认为，要观察原生态动物的生活。他还说，研究不同物种与环境之前的相互影响非常重要。后来这个科学分支被称为生态学。布拉德·马斯顿在《下潜》一书中，这样介绍威廉·贝比：

"作为生态学的先驱，贝比对生态学的贡献丝毫不逊于他对海洋生物学和海洋学的贡献。贝比认为，研究一个生物必须要研究它的环境和周边物种，不然就不能完全了解这种生物，这种观点在那个时代非常偏激，所以大多数科学讨论都不屑把它列入讨论范围。"

接下来的很长时间，贝比坚持写作，将他的经历和趣闻分享给大众，而不仅是科学家。他的一些著作得到了科学家的认可，比如《野鸡专论》，这是他在南亚鸟类考察后创作的，不过因为第一次世界大

深/海

Deep Sea

深海潜水球

战的影响，这本书一度被推迟发行。后来他在加拉帕戈斯群岛探险，创作了《加拉帕戈斯群岛：世界的尽头》，记录下他那些令人毛骨悚然的冒险经历，这本书也成为 20 世纪 20 年代的畅销书。

后来威廉·贝比将研究对象从陆地转到了海洋。自 1928 年后的十年间，贝比对大西洋中百慕大附近的一个小岛——极品岛附近海域的海洋生物进行了系统研究。贝比和他的伙伴们共捕捉了 11.5 万多个动物，大约有 220 个物种，还有很多都是科学界的首次发现。

当时贝比捕捉海洋研究生物主要依靠潜水头盔和打捞船，和 60 年前一样，很多深海动物被打捞上来时已经严重受伤或死亡了。当时科学家穿上潜水服，最深也只能到达 15.9 米处，超过这个深度人类将无法负荷。贝比想要下潜到更深的海域。他明白，要想实现这个想法，就必须发明一种超过以往的潜水衣和潜水器。

1928 年，贝比在报纸上发表了一篇文章，在文章中他描述了自己去深海探险的梦想。不久后，各类科学家给他提供了各种可能的潜水器设计构想。遗憾的是，这些构想要么缺乏可行性，要么太复杂，最终都被否决了。

奥蒂斯·巴顿和贝比毕业于同一所大学，他是个年轻、富有想象的设计师。他也认为，最适合潜艇的形状应该是球体。巴顿本想自己亲自设计潜艇，并亲自潜入海底，但显然他的愿望无法实现，他需要借助贝比的名望和与科学界的交情，来获得海底探险的资助。

巴顿的一个记者朋友认识贝比，在他的帮助下，巴顿向贝比展示了自己设计。巴顿的设计图吸引了贝比的关注，贝比很愿意和他合作，并为巴顿的设计起了一个名字"深海潜水球"。巴顿建造的第一个潜水球重 5 吨，但是载驳船根本无法承担它的重量。于是，巴顿只好重新设计了一个重量减轻一半的潜水球，这个潜水球的体积很小，仅能容下两个成年人，除了一些必需装备外，连一个枕头都没地方放。而巴顿之所以这样设计，是为了减轻球体的重量，加快它的下潜速度。令人激动的是，这个潜水球成功下潜到 1.5 米的水下。

1930 年，深海潜水球进行了第一次试潜，它成功下潜到 606 米处。接下来的 4 年间，贝比和巴顿共进行了 16 次潜水实验，其中有一次，还险些使两人丧命大海。贝比在《半英里之下》一书中写道：

"显然出问题了，当深海潜水球侧转时，我看到有像针那么细水柱从窗台表面喷出。当潜水球经过船舷被放在甲板上时，它的重量远远大于它本来的重量。另一个窗户望去，我看到里面几乎充满了水。"

尽管潜水实验危险重重，但并没有阻碍贝比和巴顿对探险深海的热情。直到 1934 年 9 月 11 日，贝比和巴顿乘坐深海潜水球进行了最后一次潜水，来到水深 425 米的大海，这项闻名世界的壮举才随之结束。后来贝尔继续他的探险、写作事业，最后在印度的一个小镇安家。1927 年，贝尔和作家埃尔斯威思·塞恩·利科尔结婚，虽然他们没有离婚，但却少有感情。1962 年 6 月 4 日，曾让世界震惊的科学家、探险家、作家贝比，在百慕大因肺炎过世。